现代水利工程治理研究

刘贞姬 金瑾 龚萍 著

中国原子能出版社
China Atomic Energy Press

图书在版编目（CIP）数据

现代水利工程治理研究 / 刘贞姬，金瑾，龚萍著
. -- 北京：中国原子能出版社，2019.12
ISBN 978-7-5221-0379-2

Ⅰ. ①现… Ⅱ. ①刘… ②金… ③龚… Ⅲ. ①水利工
程管理－研究 Ⅳ. ①TV6

中国版本图书馆CIP数据核字（2019）第297057号

内容简介

本书属于水利工程治理方面的著作，由水利工程治理的历史演变、水利工程治理的概念内涵、水利工程治理的框架体系、水利工程治理的技术手段等部分组成，全书以水利工程为研究对象，分析现代水利工程治理的框架体系，并提出现代水利工程治理的技术手段。对从事水利工程方面的研究者和从业人员具有学习与参考价值。

现代水利工程治理研究

出版发行	中国原子能出版社（北京市海淀区阜成路43号　100048）
策划编辑	高树超
责任编辑	高树超
装帧设计	河北优盛文化传播有限公司
责任校对	冯莲凤
责任印制	潘玉玲
印　　刷	三河市华晨印务有限公司
开　　本	710 mm×1000 mm　1/16
印　　张	12.25
字　　数	231千字
版　　次	2019年12月第1版　　2019年12月第1次印刷
书　　号	ISBN 978-7-5221-0379-2
定　　价	49.00元

发行电话：010-68452845

前　言

水是一切生命的源泉，是人类生产、生活中不可或缺的物质。追溯人类历史的轨迹不难发现，人类很早就与水结下了不解之缘，西方有诺亚方舟的传说，中国有大禹治水的故事。在中国，"水利"一词最早见于《吕氏春秋》，原指"捕鱼之利"。到了西汉时期，著名史学家司马迁在记述了从大禹治水到汉武帝黄河瓠子堵口这一历史时期一系列治河防洪、开渠通航和引水灌溉的史实后，感叹"甚哉，水之为利害也"，并指出"自是之后，用事者争言水利"。从此，"水利"一词就有了防洪抗旱、物流航运等除害兴利的含义。

水利工程的建设关乎百姓福祉。可以说，只要有人类居住的地方，就有水利工程。在中国，到处都有水利工程的印记。从古代的郑国渠、都江堰、京杭大运河，到如今的南水北调、三峡工程，这些耳熟能详的名字无不是利国利民、举世瞩目的大型水利工程。伟大的水利工程记载着人类社会进步的文明史，寄托了着类"人定胜天"改造家园的决心，更关乎人类社会的未来发展。功在当代，利在千秋。

然而，随着我国经济的不断发展，人们对水资源的依赖程度愈加严重。在一些地区，水资源的过度开发、水利工程的过度建设已经引发了严重的生态危机。一些不合理的水利工程建设常常违背了大自然的发展规律，使当地的自然生态环境不堪重负。而一些建设好的水利工程经常工作不到位，管理不善，难以实现良性循环，背离了可持续发展的初衷。面对复杂形势，我国政府开始认真审视、校正自身的治水思路。

本书是笔者从多年从事水利治理工作的实践出发，对现代水利工程治理方面的一些探索和思考。本书以构建现代水利工程治理体系为核心主线，系统介绍了水利工程治理的概念、主要体系、保障措施、安全管理等方面的内容，并提出了一些建议，希望能为技术人员开拓工作思路提供参考。

由于时间和精力有限，书中难免有，不足之处，敬请广大学者与读者批评指正。

目　录

第一章 现代水利工程概况

上善若水，水善利万物而不争。水是生命之源、生产之要、生态之基。在我国，水利工程是一项基本工程，在保障我国工农业发展、推动国家经济建设上发挥着巨大作用。然而，在不同的历史时期，由于生产力水平不同，水利工程的发展程度不同，其工作方式也有所不同。随着社会经济的发展，水利工程由简入繁，逐渐体系化、专业化，已经从比较单一的管理上升到了综合治理的层次。建设是基础，治理才是关键。水利工程治理是现代社会发展到一定阶段的必然产物。

第一节 现代水利工程治理的概念

一、我国水利工程建设概况

为实现对水资源的合理开发，减轻水旱灾害，我国修建了大批水利工程。《2017年全国水利发展统计公报》上的数据显示，我国已建成 5 级以上江河堤防 30.6 万千米，达标堤防 21.0 万千米，堤防达标率为 68.6%。其中，1 级、2 级达标堤防长度为 3.3 万千米，达标率为 80.1%。全国已建成江河堤防保护人口 6.1 亿人，保护耕地 4.1 万千公顷。全国已建成流量为 5 立方米每秒及以上的水闸 103 878 座，分别是分洪闸 8 363 座、排（退）水闸 18 280 座、挡潮闸 5 130 座、引水闸 14 435 座、节制闸 57 670 座。

水库和枢纽。全国已建成各类水库 98 795 座，总库容 9 035 亿立方米。其中，大型水库 732 座，总库容 7 210 亿立方米；占全部总库容的 79.8%。中型水库 3 934 座，总库容 1 117 亿立方米，占全部总库容的 12.4%。

机电井和泵站。全国已建成日取水大于等于 20 立方米的供水机电井或内径大于 200 毫米的灌溉机电井共 496.0 万眼。全国已建成各类装机流量 1 立方米每秒或装机功率 50 千瓦以上的泵站 95 077 处，其中大型泵站 375 处、中型泵站 4 255 处、小型泵站 90 447 处。

灌溉工程。全国已建成设计灌溉面积约 133.33 公顷及以上的灌区 22 780 处，耕地灌溉面积 37 483 千公顷。其中，3.33 万公顷以上灌区 177 处，耕地灌溉面积 12 416 千公顷；2 万~ 3.33 万公顷大型灌区 281 处，耕地灌溉面积 5 425 千公顷。截至 2017 年底，全国灌溉面积 73 946 千公顷，其中耕地灌溉面积 67 816 千公顷，占全国耕地面积的 50.3%。全国节水灌溉工程面积 34 319 千公顷，其中喷灌、微灌面积 10 561 千公顷，低压管灌面积 9 990 千公顷。

农村水电。全国已建成农村水电站 47 498 座，装机容量 7 927.0 万千瓦，占全国水电装机容量的 23.2%；年发电量 2 477.2 亿千瓦时，占全国水电发电量的 20.7%。

水土保持工程。全国水土流失综合治理面积达 125.8 万平方千米，累计封禁治理面积达 21.85 万平方千米。在 16 个国家级重点预防区、19 个国家级重点治理区开展了水土流失动态监测，监测面积约 76.43 万平方千米。

水文站网。全国已有各类水文测站 113 245 处，其中国家基本水文站 3 148 处、专用水文站 3 954 处、水位站 13 579 处、雨量站 54 477 处、蒸发站 19 处、墒情站 2 751 处、水质站 16 123 处、地下水站 19 147 处、实验站 47 处。向县级以上防汛指挥部门报送水文信息的各类水文测站 59 104 处，发布预报的各类水文测站 1 565 处。已建成水环境监测中心（分中心）333 个，水质监测站网基本覆盖全国重要江河湖库水功能区、省级行政区界等地表水体和重点地区地下水体。

水利网信。截至 2017 年底，省级以上水利部门配置各类服务器 7 213 台（套），形成在线存储能力 3.3 拍字节，存储各类信息资源总量达 1.9 拍字节；全国县级以上水利部门配置各类卫星设备 2 731 台（套），具备北斗卫星短报文传输能力的报汛站超 7 900 个，配置应急通信车 68 辆、无人机 409 架、集群通信终端 5 767 个；全国省级以上水利部门各类信息采集点达 42 万处，包括水文、水资源、水土保持等采集点约 19.6 万个，大中型水库安全监测采集点约 22.4 万个 [①]。

二、水利工程管理的定义

水利工程建成后，只有通过科学管理，才能发挥水利工程的最佳综合效益。水利工程管理主要服务于防洪、排水、灌溉、发电、水运、水产、工业用水、生活用水以及改善环境等方面。

从广义上讲，水利工程管理就是通过法律、经济和技术手段保护及合理运用已建成的水利工程，使其充分发挥防汛抗旱、水资源配置、水生态保护功能，为农业、工业、城乡用水和经济发展提供可靠的保障。

从狭义上讲，对于水利工程管理具体工作人员而言，水利工程管理是对已建成的水利工程进行依法管理、安全监测、养护修理和调度运行，以保障工程正常运行，充分发挥工程效益。

水利工程管理包括确保工程安全，避免工程受到人为或非人为因素的破坏；完善水利工程的各项功能，发挥其兴利除害的社会效益和经济效益；确保水利工程不会发生决口、溃坝等重大事故，对各类风险进行严控；对水利工程进行日常的维修和养护；在水利工程运行中摸索经验，用实践检验工程设计、施工、运行的正确性，探索出一条可持续发展的道路，从而加快水利工程的建设步伐。

---

① 中华人民共和国水利部 . 2017 年全国水利发展统计公报 [R/OL].（2018-11-16）. http://www.mwr.gov.cn/sj/tjgb/slfztjgb/201811/t20181116_1055056.html.

三、从水利工程管理到水利工程治理

水利工程采用修建各种堤坝、溢洪道、水闸、沟渠等多种不同的水工建筑物改变水资源的时空分布，以实现开发利用和保护水资源的目的。一般来说，水利工程规模比较大，涵盖防洪、灌溉、水土保持、跨流域调水等多个方面，并与环境保护有直接联系。因此，人们对水利工程的要求越来越高。传统的水利工程不仅要适应不断增长的社会经济发展需求，还要兼顾生态效益。基于这一目标，水利工作者致力将水利工程建设与生态环境保护有机地结合在一起，以实现可持续发展。水利工程管理从单一的管理朝着综合治理的方向迈进，也引申出了水利工程治理的新型定义。

在我国，"治理"一词有着悠久的历史，"大禹治水"中的"治"字就体现出古人的一种治理态度（图1-1）。治理比管理更加灵活多样，更具有广泛性。治理是一个正向发展的过程，而管理是一种实现期望的方法；治理需要多部门参与、联合完成，而管理的主体相对比较单一；治理以调控为主，而管理以支配为主；治理的目标是协调多方的利益、实现共赢，而管理的目标更侧重于维护管理主体的利益。

图1-1　大禹治水

从水利工程管理到水利工程治理，两者虽然只有一字之差，却体现出两种截然不同的理念。从主体上看，"管理"的主体是政府，而"治理"的主体包括政府、社会组织乃至个人；从运行方式上看，"管理"由上而下，层次分明，往往存在"发号施令"的现象，过于强硬，充满人治的作风，而"治理"不再是完全行政化的命令式口

吻，更多的是强调多部门相互协调和法治的作用，使法治成为协调各方的共同基础。通过法治途径，"治理"还能自下而上地对政府主体施加影响，所以水利工程治理不但体现了治理主体从一元转化成多元，治理方式由人治转化成法治，而且对水利工程治理能力提出了新的要求。

四、现代水利工程治理的概念

近年来，我国始终将推进国家治理体系和治理能力现代化作为全面深化改革的总目标。水利是国民经济的命脉，水利工程更是地方经济建设和社会发展不可或缺的先决条件。因此，构建水利工程治理体系是构建国家治理体系的重要组成部分。

本书认为现代水利工程治理应建立在符合市场经济的管理机制和规章制度的基础上；应采用先进技术及手段对水利工程进行科学控制运用；应突出各种社会组织乃至个人在治理过程中的主体地位；应提供水利工程治理良好的法治保障；应具有掌握先进治理理念和治理技术的治理队伍；应在水利工程治理上本着以社会、经济、生态等综合效益为优先的原则，达到综合治理的目的。

第二节 水利工程及工程治理的必要性

在我国，水利工程是一项基本工程，在推动国家经济发展上发挥着重要作用。随着社会经济的发展，水利工程的数量不断增加，规模不断扩大，但水利工程的治理工作仍存在诸多不足，如果处理不当，将严重影响人民群众的切身利益。党的十九大报告指出，我国社会主要矛盾已经转化为人民日益增长的美好生活需要和不平衡不充分的发展之间的矛盾。这一论断同样科学地概括了我国水利工程管理的现状与矛盾，表明了我国水利工程治理的迫切性和必要性。

一、水利工程的定义

由于水在自然存在的状态下并不完全符合人类的要求，所以人类不断对其进行主观改造，修建各种各样的水利工程。水利工程也称水工程，是用于控制和调配自然界的地表水和地下水，达到除害兴利而修建的工程。水利工程需要修建堤坝、水闸、沟渠、溢洪道等众多不同类型的水工建筑物，以实现其目标。

二、我国水利工程管理现状

（一）我国水资源总量

2018 年，全国水资源总量为 27 462.5 亿立方米，与多年平均值基本持平，比2017 年减少 4.5%。其中，地表水资源量为 26 323.2 亿立方米，地下水资源量为8 246.5 亿立方米，地下水与地表水资源不重复量为 1 139.3 亿立方米。全国水资源总量占降水总量 42.5%，平均产水量为 29.0 万立方米每平方千米[①]。

（二）水利工程治理的必要性

与发达国家在水利上的发展相比，我国的水利工程发展水平还处在探索式发展阶段。经历了数 10 年的发展，我国现代水利事业取得了长足的发展，但问题仍然很突出，主要体现在许多水利工程的注意力往往集中在经济效益和社会效益上，对生态效益不够重视，一些对水资源的不合理开发已经造成了严重后果。因此，将现代水利工程由管理上升到治理是完全正确的。

（三）水利工程管理存在的弊端

当前，水利工程管理存在的弊端包括以下几方面。

1. 质量管理目标模糊不明

水利工程建设的质量问题关系人民群众的切身利益，水利工程的质量已经成为衡量工程建设成败的核心因素。建设单位在施工中实施一系列质量管理措施，就是为了保证质量第一。但在实际施工过程中，由于各种因素影响，管理中容易出现形式化问题，不能保证水利工程的施工质量，导致工程质量管理目标模糊不明。

---

① 中华人民共和国水利部 .2018 年中国水资源公报 [R/OL]. （2019-07-12）.http://www.mwr.gov.cn/sj/tjgb/szygb/201907/t20190712_1349118.html.

2. 偷工减料现象时有发生

在水利工程建设中，施工方往往采用分包的方式开展工作，也存在多层转包的现象。出于经济上的考虑，施工方可能会使用质量差的建筑材料以次充好或是减少用料降低成本，导致严重的质量问题。此外，施工方在实际操作中可能省略了一些工序，这些人为造成的缺陷也给工程留下了隐患。在进行工程验收时，有些验收人员走过场，没有严格执行验收工作，致使工程的质量得不到保障[①]。

3. 影响生态环境

（1）水利工程在施工中会对周围空气造成污染，主要包括各种施工机械、运输工具在工地排放的有害气体以及造成的烟尘，同时一些含有有害物质的建筑材料会对空气造成污染，威胁到周边群众的健康。

（2）水库蓄水后，考虑到水位变化产生的地壳应力变化，周边地质灾害发生的概率也会发生变化。如果周围水位上升，那么地下水位就会随之下降。水库补给后，在蒸发作用下，地表容易沼泽化、盐碱化。

（3）有些水利工程破坏了周围动植物原有的环境，使库区水无法快速排出，导致营养成分在库区的累积，容易出现水华现象。

（4）在天然河道上修建水库等水利工程会对河流下游产生较大影响。水利工程将河流截断后，极大地增强了河流的蓄洪能力，可以避免汛期洪水泛滥，但截流让库区泥沙沉降堆积，河口处泥沙淤积减少，鱼类等水生物无法获得足够的养分，生存受到影响。此外，蓄洪后水位的升高也容易造成一些鱼类产卵洄游困难，影响了生态平衡。

三、水利工程治理的意义

在计划经济和国家单一投资体制下，水利工程建设管理以自营制为主要特征，各级政府的水行政主管部门通过下达指令性计划，安排所属单位从事水利工程的规划、设计、施工活动及相应阶段的管理工作，没有明确的单位对工程建设全过程负责，缺

① 许广松．浅谈我国水利工程管理的现状及发展方向 [J]．四川水泥，2019(6):220.

乏有效的激励机制，监督机制也不健全。

水利工程治理中存在的一系列问题是人与自然和谐发展的问题，是人类面向未来，对可持续发展的认知问题。

随着社会经济的不断发展，水利工程的地位和作用也发生了转变，其不但事关防洪、供水、农业灌溉等方面，而且事关我国的经济发展和生态保护。从现实情况看，现代治水理念已朝着科学化、系统化、全局化转变，综合治理、全盘规划和可持续发展成为实现水资源保护、改善生态、服务人民、人水和谐等综合目标的重要途径[①]。

四、水利工程治理的法律保障

依法治国必然要求依法治水、依法管水。中华人民共和国成立后特别是改革开放后，我国水利法制步伐加快，水法律法规体系逐步得到完善。除制定了《中华人民共和国水法》（以下简称《水法》）、《中华人民共和国防洪法》（以下简称《防洪法》）等基本法律外，还制定了《中华人民共和国河道管理条例》（以下简称《河道管理条例》）、《中华人民共和国水库大坝安全管理条例》（以下简称《水库大坝安全管理条例》）等专项的行政法规和规章。经过几十年的探索和实践，我国已经基本建立了符合国情、水情的水管理法规体系，使水利管理做到了有法可依。

依法行政，立法是基础，执法是关键。1988年《水法》颁布实施后，为保障水法规的贯彻实施，1989年中华人民共和国水利部决定全面加强水行政执法工作，建立覆盖全国的水行政执法体系。1995年，为适应依法治国、依法行政的需要，我国水利部组织开展了以组建专职执法队伍、提高执法人员素质和加强执法队伍管理为核心内容的水政监察规范化建设。水行政执法队伍建设有力地促进了水行政执法工作，开展了大量卓有成效的执法活动，为各项法律制度的有效落实做出了重要贡献，有力地维护了正常的水事秩序。依托立法和执法体系建设，水利部门在强化依法管理方面也做了大量卓有成效的工作。从1989年起，在水利部的指导和部署下，依据《水法》

---

① 刘勇毅，孙显利，尹正平.现代水利工程治理[M].济南：山东科学技术出版社，2016：12.

《河道管理条例》等法律法规,全面开展全国水利工程土地确权划界工作。1996年,全国水利工程土地确权划界工作基本完成,同时进一步明确了工程的管理范围和保护范围,为依法保护和加强水利工程管理奠定了基础。

在颁布实施《防洪法》《水利产业政策》后,我国又根据国情、水情以及实际需要,陆续制定了一批适应水利工程管理要求的各项规定和办法,如《水闸技术管理规程》《堤防工程设计规范》《水闸工程管理设计规范》《水库工程管理设计规范》等。这些技术标准、规范办法的确立,宣告我国的水利工程管理法规体系初步形成。

2017年,全国全年修改水行政法规4件,清理水利部规章43件和规范性文件200余件。其中,规章废止3件、修改17件;规范性文件废止13件、宣布失效14件、修改13件。2017年全国立案查处水事违法案件14 413件,结案12 070件,结案率83.74%;各级水利部门共调处水事纠纷942件,解决903件;省级以上水利部门共办结行政复议案件21件,办理行政应诉28件。

2019年,水利部印发《2019年水利政策法规工作要点》,要求水利政策法规工作要以习近平新时代中国特色社会主义思想为指导,按照全国水利工作会议部署,聚焦"水利工程补短板、水利行业强监管"总基调,以法规制度定规矩,以监督执法作保障,加快推进水法规制度建设,大力实施水政执法提档升级,加强水法治宣传教育,不断深化水利"放管服"改革,协调推进依法行政、水事纠纷调处、政策研究等工作,不断夯实水利改革发展政策法治基础。

五、治理成果

水利工程治理充分保障了水利工程的安全运行,体现了水利工程在国计民生中的重要作用,有力带动了社会经济的综合发展。2017年,全国全年在建江河治理工程5 646处,其中堤防建设640处,大江大河及重要支流治理859处,中小河流治理3 639处,行蓄洪区安全建设及其他项目508处。截至2017年底,在建项目累计完成投资4 070.7亿元,投资完成率67.4%。长江中下游河势控制和河道整治深入推进;黄河下游近期防洪工程已通过竣工验收;进一步治淮工程建设加快推进,38项工程已开工 27 项，其中 5 项建成并发挥效益；东北三江治理基本完工；太湖流域水环境综合治理 21 项工程已开工 17 项，其中 10 项已建成并发挥效益。

第三节 水利工程的分类

一、概况

按服务对象或建设目的，水利工程可分为防止洪水泛滥造成自然灾害的防洪工程，进行水力发电的水电工程，农业上防旱防涝的农田水利工程，排污排水并为城镇生产生活用水服务的城镇供排水工程，促进和保护渔业生产的渔业水利工程，改善水土流失、水污染并保障生态安全的水土保持工程，等等。同时，如果该水利工程兼有防洪、发电以及农业灌溉等多项功能，可称之为综合利用水利工程。

二、水利工程的特点

（一）涉及面广

水利工程建设需要综合考虑施工所在地的气候环境、地形地貌、地理交通以及周边厂矿企业等外部因素，并结合实际，以唯物主义辩证法为指导，从水利工程主体与当地情况的契合度上分析论证，保证水利工程造福一方。

（二）涉及学科多

水利工程具有极强的专业性，需要相关学科提供技术保障。因此，水利工程要综合多方面因素，以科学为本，坚持理论指导工作的精神，以确保水利工程建设有序开展。水利工程要求工程技术人员必须具备工程设计、生态保护、水文观测、气象识别以及法律法规等专业知识，监理人员必须具备相应的监理资质才能上岗。

（三）复杂的未知因素

水利工程是在难以确切掌握的气象、水文、地质等自然条件下进行施工和运行的。这些不确定因素是不可抗拒的。因此，水利工程常常受到水的推力、浮力、渗透力、冲刷力等外力作用，存在一定的风险。

（四）管理困难

水利工程规模大、工期长、投资多、回报慢且技术复杂，因此必须按照基本建设程序和有关标准进行管理。但由于各地情况不同，施工管理标准在执行上存在困难，尚未形成一套完整的体系可供参考。这也是水利工程管理问题时有发生的原因之一。

三、水工建筑物的分类

无水工建筑物大体分为三类：挡水建筑物、泄水建筑物、专门水工建筑物。

（一）挡水建筑物

挡水建筑物是指阻挡水流并调节水位的建筑物，大体分为堤、坝两类。堤为沿河、沿湖或沿海的防水构筑物，多用土石等筑成。坝为横跨河道并拦截水的建筑物，或者河工险要处巩固堤防的建筑物（图1-2）。

图1-2 大坝

（二）泄水建筑物

泄水建筑物是指能从水库安全可靠地放泄多余或需要水量的建筑物，常见的有由河道分泄洪水的分洪闸（图1-3）、溢洪堤；低水头水利枢纽的滚水坝、拦河闸和冲沙闸；由渠道分泄入渠洪水或多余水量的泄水闸、退水闸；高水头水利枢纽的溢流坝、溢洪道、泄水孔、泄水涵管、泄水隧洞；由涝区排泄涝水的排水闸、排水泵站等。

图 1-3　分洪闸

（三）专门水工建筑物

专门水工建筑物是指为完成特定目标或任务的建筑物，常见的有河渠中的分水闸、节制闸、冲沙闸、沉沙池、渡槽等；过坝设施中的船闸、升船机、筏道、鱼道（图 1-4）等；水电站中的前池、调压室、压力水管、水电站厂房等。这些建筑物普遍具有地方性特点，如何设立需要视具体情况而定。

图 1-4　鱼道

此外，有些建筑物仅在短期内发挥特定作用，可称为临时性水工建筑物，如围堰、导流隧洞等。但这些临时性水工建筑物也可能会"转正"，如有些导流隧洞可以根据实际要求改建成永久性泄水或引水隧洞。需要注意的是，很多水工建筑物由于功能交叉，并不能笼统地划归一类。比如，一些溢流坝既是挡水建筑物又是泄水建筑物，很难界定其分类。

四、水利工程规划

水利工程规划的目的是全面合理地安排水资源，实现工程的安全、经济和高效，因此水利工程的规划必须严格按照科学的精神开展各项工作。

（一）确保水利工程规划的安全性

从科学角度出发，水利工程规划除了要发挥水利工程的基本功能外，还需要考虑水利工程的安全性。以河流水利工程为例，泥沙堆积、河道侵蚀等因素很容易滋生安全问题，水利工程必须得到足够的安全性保障，否则一旦出现险情，后果将不堪设想。水利工程中没有亡羊补牢的说法，任何教训都是无法承受的。因此，安全性要从一开始就纳入水利工程规划。

（二）确保水利工程规划的经济性

除了安全性之外，在水利工程规划中也要充分考虑工程建设成本的问题。这是一个无法回避的问题。只有从安全管理、成本管理以及风控等角度综合考虑，才能实现科学的成本控制，满足水利工程规划的经济性。所以，水利工程主体单位一定要保证资金合理使用，"好钢用在刀刃上"，杜绝资金浪费的情况发生。

第四节 现代水利工程治理的基本特征

作为一项科学性、综合性的工作，现代水利工程治理既包含业务管理工作又包含社会服务工作。现代水利工程治理应依托先进的科学技术，对传统的水利技术进行改造，按照科学的管理制度、创新的治水理念、先进的治理手段，通过对水资源的合理开发，在水利工程治理上实现智能化、法制化、规范化、多元化，最终实现水资源的可持续利用以及经济社会的可持续发展。

一、治理手段智能化

治理手段智能化是指由现代通信与信息技术、计算机网络技术、行业技术、智能控制技术汇集而成的针对某一方面的应用。它有别于传统水利工程管理，先进的智能化管理手段是水利工程治理现代化的重要体现。只有不断探索治理新技术、新方法，引进国际先进治理经验和一流设施，增强治理工作科技含量，才能不断推动现代水利工程治理工作朝着数字化、信息化、智能化方向迈进，最终实现水利工程治理的现代化。

水库大坝自动化安全监测系统、水雨情自动化采集系统、水文预测预报信息化传输系统、运行调度和应急管理的集成化系统等智能化管理手段的应用，将使治理手段更强，治理水平更高。

二、治理依据法制化

随着法治社会建设的不断推进，我国在水利方面的法制化进程也在不断深入。《水法》《防洪法》《中华人民共和国水土保持法》（以下简称《水土保持法》）等多部法律为水利工程治理提供了法律保障。此外，国务院还制定并颁布《河道管理条例》《水库大坝安全管理条例》等一系列条例，各省（区）也先后制定了一系列实施办法和地方水利法规，水利法律法规体系已初步完善。

加强水利工程治理，制定和细化有关政策、法规，不断丰富和完善水利工程建设管理体制和运行机制。健全的法制化是实现水利工程治理现代化的根本。只有制度的约束和法律的限制，才能实现规范、透明、廉洁、高效的水利行政管理，强化水利行政执法力度，确保水利行政工作的顺利开展。

严格执行河道管理范围内建设项目管理，抓好洪水影响评价报告的技术审查，健全水政监察执法队伍，防范控制水事违法案件的发生是实现水利工程治理现代化的重中之重。

三、治理制度规范化

治理制度的规范化是现代水利工程治理的重要基础，只有将各项制度制定详细且规范，单位职工照章办事，才能将水利工程治理的现代化提上日程。管理单位分类定性准确、机构设置合理、维修经费落实到位、实施管养分离是规范化的基础。单位职工竞争上岗，职责明确到位，建立激励机制，实行绩效考核，落实培训机制，人事劳动制度、学习培训制度、岗位责任制度、请示报告制度、检查报告制度、事故处理报告制度、工作总结制度、工作大事记制度、档案管理制度等各项制度健全是规范化的保障。控制运用、检查观测、维修养护等制度以及启闭机械、电气系统和计算机控制等设备操作制度健全，将治理工作专业化、制度化以及规范化，使各项工作有条不紊地展开，将治理工作真正落到实处。

四、治理对象多元化

新时代赋予了水利工程治理的新目标：除了保障水利工程安全运行，还要追求水利工程的综合效益。与水利工程传统的社会效益、经济效益相比，生态环境效益等方面往往被人们忽视。所以，追求水利工程的综合效益是实现水利工程治理现代化的重要途径。

水利工程的社会效益是指修建工程比无工程情况下，在保障社会和谐、带动社会发展和增进人民福祉方面的作用。水利工程的经济效益是指在有工程和无工程的情况下，相比较增加的财富或减少的损失，它不但指在运行过程中征收回来的水费、电费等，而且是从国家或国民经济总体的角度分析，社会各方面能够获得的收入。水利工程的生态环境效益是指修建工程比无工程情况下，对当地气候和生态环境进行改善，保持水土稳定，促进环境质量提升而获得的利益。

要使水利工程充分发挥良好的综合效益，达到现代化治理的目标，必须做到以下几点。首先，要树立现代治理观念，协调好人与自然、生态、水之间的关系，重视水利工程与经济社会、生态环境的协调发展；其次，要建立符合社会主义市场经济发展、适应新时代水利工程治理特点的一整套治理体系；最后，在采用先进治理手段的基础上，加强水利工程治理的标准化、制度化、规范化建设。

第二章　水利工程治理的主要体系

水利工程治理的主要体系包括水利工程治理的组织体系、水利工程治理的制度体系、水利工程治理的责任体系、水利工程治理的评估体系。具体而言，水利工程治理的组织体系为技术人员和相关机构提供保障，水利工程治理的制度体系规范了整个工程的治理流程，水利工程治理的责任体系对各部门的基本职责进行了明确分工，水利工程治理的评估体系全面评估前三个体系的运行状况并做出系统的评价。

第一节　水利工程治理的组织体系

在现行的水利工程治理模式下，对于兴建的水利工程项目，我国实行区域治理与流域治理相结合的工程治理组织体系，以满足人民群众在生产生活中对水资源的需求。

一、区域治理体系

推进国家治理体系治理能力现代化是适应我国经济社会发展的客观要求，完善区域治理体系是推进国家治理体系和水利工程治理现代化的重要内容。区域治理的目标就是要根据推动社会经济高质量发展的总要求，积极适应经济发展的空间结构变化趋势，促进各类要素合理流动和高效集聚。区域治理体系的形成需要区域治理行为产生激励性因素，同时需要具备克服各种约束性因素的能力。

区域治理体系的基础是地方政府的区域治理行为。按照职责分工，县级以上地方人民政府有关部门负责有关本行政区域内水资源的开发、利用、节约和保护的有关工作。按照职责分工，地方水资源管理的监督工作由县级以上各级地方人民政府的水利厅（局）负责。

二、流域治理体系

国务院水行政主管部门在国家确定的重要江河、湖泊设立的流域管理机构（以下简称"流域管理机构"），在所管辖的范围内行使法律、行政法规规定的和国务院水行政主管部门授予的水资源管理和监督职责。流域管理机构既是中央直属的事业单位，又是水利部的派出机构。目前，我国共有七个流域管理机构，分别是长江水利委员会、黄河水利委员会、海河水利委员会、淮河水利委员会、珠江水利委员会、松辽水利委员会、太湖流域管理局。

流域管理机构的法定管理范围包括参与流域综合规划和区域综合规划的编制工作；审查并管理流域内水工程建设；参与拟定水功能区划，监测水功能区水质状况；审查流域内的排污设施；参与制定水量分配方案和旱情紧急情况下的水量调度预案；审批在边界河流上建设水资源开发、利用项目；制定年度水量分配方案和调度计划；参与取水许可管理；监督、检查、处理违法行为等。

三、水利工程管理单位

具体管理单位内部组织结构是指水利工程管理单位内部各个有机组成要素相互作用的联系方式或形式，也称组织内部各要素相互连接的框架。单位组织结构设计最主要的内容是组织总体框架的设计。不同单位、不同规模、不同发展阶段，都应根据各自面临的外部条件和内部特点设计相应的组织结构。影响组织结构模式选择的主要权变因素包括经营环境、企业规模、企业人员素质等。

根据水利部关于印发《水利工程管理单位定岗标准（试点）》的通知，按照"因事设岗、以岗定责、以工作量定员"的原则，水利工程管理单位统一设置管理岗位负责行政、技术、财务、水政监察以及其他方面，鼓励一个水利工程管理单位同时管理多个水利工程，以达到集约化管理、精简机构、优化人才配置的目的。严格控制新增管理单位数量，对违规增加管理单位数量的现象，一定要坚决予以杜绝。

第二节 水利工程治理的制度体系

现代水利工程治理制度涵盖日常工程管理工作中的方方面面，并在工作实践中不断自我完善，以达到工程治理工作规范化、科学化的目的。水利工程治理的制度主要有组织人事制度、维护养护制度和运行调度制度等。

一、人事制度

对于水利工程管理单位而言，在日常组织人事管理工作中使用的制度包括选拔任用制度、培训制度以及绩效考核制度。

（一）选拔任用制度

认真贯彻执行党的干部路线，规范执行干部选拔任用制度。选拔任用干部要注重实绩，坚持民主集中制，为科技事业改革与发展，提供坚实的组织人事保障。干部的选拔任用要接受党内外干部群众的监督，对违反制度规定者，由纪检部门进行调查核实，按有关党纪政纪规定追究纪律责任。

（二）培训制度

1. 培训目的

培训是给有经验或无经验的职工传授其完成某种行为必需的思维认知、基本知识和技能的过程。对职工进行有组织、有计划的培训，可以极大地提高职工的专业技能水平，提升职工的工作绩效。而职工的工作绩效提升又可以提高企业效率，促进企业职工个人全面发展与企业可持续发展（图2-1）。

图 2-1　培训

2. 培训原则

结合部门的实际情况，在内部分阶段组织职工参加各岗位的培训，强化全体职工的工作素质。

3. 培训的适用范围

本部门所有在岗的职工。

4. 培训组织管理

（1）培训领导机构

组长：单位主要负责人。副组长：人事部门负责人。成员：办公室、人事、党办、主要业务科室相关负责人。

（2）培训管理

培训管理是对人员进行培训所做的管理。有效的培训管理将使职工在知识、技能、态度上不断提高，最大限度地使职工的职能与现任或预期的职能相匹配，进而提高工作绩效。单位主要负责人是培训的第一责任人，负责组织制订单位内部培训计划并实施。

5. 培训内容

单位制度、部门制度、岗位工作流程、岗位专业技能、岗位操作安全意识、应急预案以及相关业务的培训等。

6. 培训方法

组织系统内部或本单位内部技能能力强、业务水平高的专家、职工担任培训师，或者聘请专业培训机构进行培训。

7. 制订培训计划

根据实际情况，结合各岗位职工的培训需求，在年初就制订好年度培训计划。

8. 培训实施

定期组织职工进行培训，严格执行本部门培训计划。

9. 培训考核

（1）出勤考核

凡是确认参加了培训课程的职工应准时参与培训，不允许迟到或早退，如有特殊情况请假者应提前至少一天申请。无故不参加者，作为旷工处理。考勤记录由专人负责，或采用移动定位考勤的方式记录。

（2）成果考核

在培训期间或者培训结束时，根据当期的培训课程内容，以测试的方式检验职工在培训后的理论知识或实操能力，从而检测培训效果。考核方式可以是面试、口头提问、笔试、实操或线上考试，考核成绩是培训成绩的重要依据之一。

（三）绩效考核制度

将培训考核与绩效考核指标挂钩，记录培训后每个月的绩效，与培训前的绩效做对比分析。根据绩效指数，对职工进行相应的奖惩。

1. 指导思想

（1）建立科学、系统的绩效考核评估制度。

（2）效率优先，兼顾公平，奖优惩劣，奖勤罚懒。

（3）通过考核，实现部门和职工的双赢。

（4）强化组织效率，推动组织的良性发展。

2.绩效考核以及绩效工资分配原则

（1）以人为本，尊重职工主体地位，在考核中充分考虑岗位的工作性质，特殊情况特殊对待。

（2）从实际出发，注重实绩，鼓励先进，促进共赢。

（3）坚持科学发展、实事求是、公开透明、合理规范。

3.实施范围

在编在岗的单位内部职工。

4.岗位管理

按照"公开、公平、公正、择优"的原则，制定各岗位竞聘上岗的实施方案，进行全员竞聘上岗。

5.绩效工资构成

绩效工资按照"多劳多得、不劳不得、优绩优酬"以及"公平、公正、公开"的原则进行分配，分为基础性绩效工资、奖励性绩效工资，有每月固定发放和年度一次性发放两种形式。结合地区经济发展水平、物价水平、岗位职责等方面的因素，基础性绩效工资占绩效工资总量的70%；奖励性绩效工资与绩效成绩挂钩，占绩效工资总量的30%。绩效工资分配严格按照人社部门、财政部门核定的总量进行。

6.绩效考核的组织实施

成立绩效考核和绩效工资分配领导小组，单位主要负责人担任组长，成员由各部门负责人组成。领导小组下设办公室，负责绩效考核和绩效工资分配的具体工作。办公室负责整理分析绩效考核资料，将考核结果反馈给被考核者，并向领导小组报告，以保证绩效考核和绩效工资分配工作能够顺利进行。

二、维修养护制度

在水利工程运行过程中，维修养护工作必须引起重视。水利工程的维修养护是指对已经投入运行的水利工程设施进行日常养护和损坏后的修缮工作。水利工程投入运营后，应立即开展各项养护工作，做到未雨绸缪。因此，水利工程的维修养护对保障水利工程持续安全运行以及工程效益的发挥具有重要作用。

水利工程养护范围主要包括水利工程本身、相关配套设施以及工程周边各种可能影响工程安全的地方。根据水利工程的维修养护需要制定优化策略，要求土石和混凝土结构的工程设施要保持表面完整，禁止在水利工程附近进行爆破工作，并严防来自外部的各种破坏活动以及一些不利因素造成水利工程的损坏，要将检查做到常态化，掌握工程外部的具体情况，通过监控、检测等手段了解工程内部的安全状况。闸坝的排水系统以及河道的下游减压排水设施要保持通畅，及时清理疏通。泄水建筑物下游消能设施若出现损坏的情况，要及时进行修理，防止汛期、结冰期对设施破坏加重。闸门和拦污栅前务必保持通畅，经常清除淤积的泥沙。对于金属结构的设施，如钢质闸门，要定期进行除锈处理，防止锈蚀面扩大。堤防和河道关键位置严禁破坏，要保持大堤安全与完整。

我国的水利工程建设起步较早，各地实行标准不同，施工质量也不同。各类水工建筑物产生的破坏情况有别，土石和混凝土结构的工程设施经常有开裂、渗水以及表面磨损等现象，而土工建筑物可能出现边坡失稳、护坡破坏以及下游出现流土、管涌等问题；建筑物周边的河岸、库岸和山坡有可能出现滑坡、崩塌，严重影响建筑物的使用安全；输水、泄水以及消能的建筑物可能出现冲刷、空蚀和腐蚀；金属闸门、阀门以及钢管可能发生锈蚀和止水失效的问题。针对这些问题，管理单位应该根据不同状况，采取行之有效的具体维护措施。

水利工程经常使用的维修养护制度主要包括以下几类。

（一）水库日常维修养护制度

对于水工和土工建筑物、金属设施、机电动力设备、通信照明、集控装置以及其他配套设备等，必须严格执行经常性的养护工作，定期进行检查维修，保持常态化，以保证水利工程的质量安全。

维修养护工作务必遵循"经常养护、随时维修、养重于修、修重于抢"的原则，做到防患于未然。

对大坝的维修养护要严格遵照《大坝管理条例》的相关规定，在工程管理范围内禁止非法挖掘深井、兴建养鱼池等危害大坝的行为；经常对排水沟进行清理淤积，保持排水畅通；大坝表面及时排水，避免大坝被雨水冲刷造成坝体被侵蚀；维护并完善大坝本体滤水设施，保证其能正常使用；确保各种观测设施的正常运转，在发现渗漏、裂缝、管涌、滑坡等问题时，能够及时处理。

对溢洪道、放水洞等设施的养护维修，如发现洞内有裂缝出现，应该及时采取修补、补强等有效措施及时处理问题；发现溢洪道进口、陡坡、消力池和挑流设施内出现杂物时，要立即清除，确保设施清洁；溢流期间必须注意来自上流的打捞物，禁止船只、竹筏等水面作业平台靠近溢洪道入口；当陡坡出现开裂、侧墙以及消能设施出现损坏时，应该立即停止过水，采用速凝、快硬材料及时抢修；在纵断面突变处、高速流速区域出现气蚀破坏时，应该及时采用抗气蚀材料进行填补、加固作业，尽可能消除或改善气蚀问题；在溢洪道挑流消能时可能出现的堤岸崩塌或者冲刷坑恶化等危及挑流鼻坎安全时，要及时对溢洪道进行保护；及时对闸门进行防锈蚀、防老化的养护；必须对闸门支铰、启闭设备以及门轮进行定期、全面的清理，同时进行加油、换油等养护工作；对于启闭设备要做好防雷击、防潮等预防措施；及时更换闸门止水损坏部件。

在冬季，根据冰冻天气状况，应及时对大坝护坡、放水洞、溢洪道闸门以及配套设施进行破冰处理，防止冰冻对水利工程造成破坏。融冰期后，应对水利工程设施进行全面排查，及时发现并修复已损坏的部位。

（二）机电设备维修保养管理制度

操作人员要按照规定维护保养设备，准确判断并处理相应故障。如遇到不能处理的故障，操作人员要及时向上级部门报告，并通知相关工作人员，遇到机械故障，通知电机技术人员，遇到电气故障，通知专职电工。操作人员要在修理设备时，在修理现场进行协调，参与修理；在修理设备结束后，操作人员要当场检验，决定是否验收；做好维修保养登记。

管理人员在承接维修任务后，应迅速投入工作。一般的修理按照技术规范以及相关工艺标准执行，在一些关键部位的维修上，管理人员应严格执行技术部门已制定的修理方案，不得擅自更改。当发现故障时，管理人员应及时上报技术人员备案，不能发现、判断故障，或者发现故障后故意隐瞒的，视情节严重程度，追究相关人员责任。

修理工作实行主管领导负责制，主管领导应协调解决与修理工作相关的一系列问题，检查、监督维修管理制度的具体落实，对关键部位修理方案进行审批。

（三）水库、河道工程养护制度

要确保堤坝顶部整洁，确保无工业垃圾残留。每天组织保洁人员打扫卫生，定时检查。要定期组织养护人员浇灌、修剪花草苗木，拔除杂草，保持美观。对花草苗木的现状以及损坏情况要及时做好拍照和存档。每天巡视堤坝顶道上的限高标识、栏杆等设施。当发现有新的损坏情况时，要及时向上汇报，并妥善处理。可以建立清理人员档案，对工程设施做好日常维护，并做好记录、归档。基层水利管理单位主要负责水利工程的维修养护，并对维修养护情况进行定期检查，促进工程维修养护工作常态化。

三、运行调度

天然水资源在时空分布上不均匀，具有较大的随机性，影响效益的稳定性及连续性。为适应社会经济发展的需要，我们可以运用水利工程在时间、空间上对天然径流进行重新分配或调节江河湖泊水位（图2-2）。水利运行调度的主要任务是保证水利工程安全，满足除害兴利、综合利用水资源的要求。此外，很多水利工程是基于多功能综合开发的，关系到方方面面的利益诉求。在水利运行调度中，一定要建立权威的运行调度体系，从实际出发，客观公正地解决各地区、各部门之间的利害冲突。

图 2-2　水利技术人员在调度中心分析水情

在水利工程运行中，水库效益是通过水库调度实现的。水闸的作用是通过水闸调度实现的，堤防管理的中心任务就是防备出险和决口。其中，在水库调度中，尤其要坚持兴利服从安全的原则，调度管理制度体系应包括以下内容：各类制度制定依据、适用工程范围、领导机构、审查机构、调度运用的原则和要求、各制度主要运用指标、防洪调度规则、兴利调度规则及绘制调度图、水文情报与预报规定、水库调度工作的规章制度、调度运用技术档案制度等。

（一）运行调度的原则

在保证工程安全的前提下，实现水资源综合利用，要局部效益服从于整体效益最大，并根据各自的任务和工程组成等具体情况，拟定相应的调度原则。水利运行调度的主要原则包括防洪系统调度原则、排涝系统调度原则、灌溉系统调度原则、水力发电系统调度原则以及综合利用水利系统调度原则。

1. 防洪系统调度原则

我们应当充分发挥河道堤防和水库组成的防洪系统的防洪效益。根据河道行洪能力，合理控制水库泄量，并适当进行补偿性调度。若防洪系统中有分洪工程配合，一般在水库防洪库容蓄到一定程度或已蓄满的情况下，根据洪水情势选择适当时机投入使用，但要尽量减少分洪机遇以减轻淹没损失。

2. 排涝系统调度原则

汛期中，当外河水位较低时，利用排水闸自流抢排，尽量降低排水渠系及蓄涝区水位。在外河水位较高，排水闸关闭期间，先利用蓄涝区及排水渠系蓄存涝水，内水位达到一定高度后，如外河水位仍高于内水位不能自排时，即开动排水泵排水，尽可能使蓄涝区水位维持在允许限度内。当外河水位降至低于闸内水位时，即开闸排水。沿海地区挡潮闸在高潮时关闭，利用渠系蓄存涝水，潮位降低后，即开闸抢排，使内河水位降低。

3. 灌溉系统调度原则

根据农田高程分布情况，合理划分各种工程的灌溉范围，分别由水库库内引水、提水，或河道引水灌溉。合理配合运用骨干水库与灌区内的中小水库及塘堰，确保这些中小水库及塘堰在用水高峰季节前尽量充满，以便能及时加大供水量。若骨干水库调节性能较差，来水较丰时，先由骨干水库供水，其他时间再用灌区内中小水库及塘堰存水。如果灌区内既有渠灌，又有井灌，应研究其合理配合，尽可能扩大灌溉范围，提高保证率。

4. 水力发电系统调度原则

应在满足电力系统总要求的前提下，使水电站合理运用。一般调度原则为径流式水电站由来水量决定出力，再由有调节能力的水电站根据系统要求，进行补偿调度；当电力系统日调节所需调峰容量不足时，则由抽水蓄能电站利用日负荷低谷时的多余电力抽水蓄能，在日负荷高峰时发电以满足系统需要。

5. 综合利用水利系统调度原则

根据综合利用水利系统承担任务的主次关系及相互结合情况，拟定调度原则，处理好防洪与兴利的关系、各兴利部门之间的关系及调水与调沙的关系等，以整体综合效益最优进行统一调度，确保水利系统主要功能（如防洪、供水、发电等）不受较大程度的影响。

（二）运行调度制度

1.闸门操作规范制度

（1）操作前检查

检查总控制盘电缆是否正常，三相电压是否平衡；检查各控制保护回路是否相断，闸门预置启闭开度是否在零位；检查溢洪闸及溢洪道内是否有人或其他物品，操作区域有无障碍物。

（2）操作规程

当初始开闸或较大幅度增加流量时，应采取分次开启方法。每次泄放的流量应根据闸门开高、水位、流量之间的关系确定闸门开高。闸门开启顺序为先开中间孔，后开两侧孔。当关闭闸门时，则与开闸顺序相反。无论是开闸还是关闸，都要保证闸门处在不发生震动的位置上，方可按开启或关闭按钮。

（3）注意事项

在闸门开启或关闭过程中，相关人员应认真观察运行情况，一旦出现异常，必须立即停车进行检查，出现故障要及时处理。当现场处理存在困难时，相关人员要立即向上级报告，组织技术人员进行检修处理。检修时要将闸门落实。每次开闸前，相关人员一定要通知水文站，以便水文站能够及时发报。每次闸门启闭、检修、养护，相关人员必须做好工作记录，整理后进行存档。

2.提闸放水工作制度

（1）标准洪水闸门启闭流程

当上游来水量较大、雨前水位达到汛限水位时，值班人员应进行提闸放水。值班人员在报请上级部门同意后，方可提闸放水。提闸放水操作必须有两人参加。提闸放水前，值班人员应先巡查周边水情，确定安全后再提闸放水。值班人员必须事先传真通知下游政府部门和沿河乡镇以及有关单位，提前做好准备。闸门开启流量要由小到大，30分钟后提到正常状态。闸门开启后，应向水文局发出水情电报。关闭闸门时，值班人员须经上级领导同意后才可关闭。关闭闸门后，值班人员要立即向水文局发出水情电报。

（2）超标准洪水闸门启闭流程

如果下游河道过水断面较大，那么工作人员可加大溢洪闸下泄流量；否则，工作人员要向有管辖权防办请示，启用防洪库容，减少下游河道的过水压力，同时向库区乡镇发出通知，按防洪预案，由当地政府组织群众安全转移。

3. 中控室管理制度

中控室（图2-3）必须由专人管理，实行严格的在岗制度。一般情况下，禁止外来无关人员入内。特殊情况下，来访人员必须经上级领导批示同意后才能进入，同时由指定人员进行全程陪同。工作人员要认真阅读使用说明，熟悉相关设备性能指标，正确使用仪器，遵守操作流程。中控室操作人员不得违规操作，对违规操作造成重大事故的人员，依法追究责任。此外，设备管理人员要定时检查设备运行情况，写好工作日志，认真记录问题。

图2-3 中控室

中控室内必须保持整洁，注意防火、防尘、防潮，温度、湿度应保持在设备的正常工作水平。中控室内禁止吸烟、进食、扔垃圾、随地吐痰；注意安全用电，严禁带电检修、清扫。禁止利用中控室设备做与工作无关的事。因客观原因造成中控室设备损坏的，应及时上报申请报废；因人为原因造成中控室设备损坏的，个人须按原价进行赔偿①。

---

① 刘勇毅，孙显利，尹正平.现代水利工程治理[M].济南：山东科学技术出版社，2016：36.

4.交接班制度

（1）交班工作内容

交接班前，先由值班班长组织本班人员进行工作总结，并将交班事项写入运行日志。交班事项包括设备运行方式、设备变更和异常情况及处理情况，当班已完成和未完成工作及相关措施，以及设备整洁状况、环境卫生情况、通信设备情况等。

（2）接班工作内容

接班前，接班人员需要认真听取交班人员的说明，并现场检查各项工作。检查设备缺陷，尤其是新出现的缺陷以及相应的处理情况；了解设备工作情况及设备上的临时安全措施；审查各种记录、图表、资料、工具、仪表以及备用器件等；了解内外事宜及上级通知、指示等；检查设备环境，保持卫生。

第三节　水利工程治理的责任体系

为保证水利工程治理工作的顺利开展，明确工作中的责任划分至关重要。按照当前的管理模式划分，水利工程安全治理的责任内容包括由各级政府承担主要责任的行政责任、水利部门承担的行业责任以及水利工程管护单位作为工程直接管护主体承担的直接责任。

一、水利工程治理的行政责任体系

各级政府具体负责本行政区域内水利工程防洪、安全管理等方面的工作。按照"谁主管，谁负责"的原则，作为水利工程的主管部门，各级水利、能源、建设、交通、农业等部门应对水利工程大坝安全实行行政领导负责制，对水利工程管护单位的防洪及安全管理工作进行监管。此外，作为职能部门，市政、财政、安监、气象等各级部门也应视具体的水利工程管理情况，充分发挥职能作用，确保水利工程的平稳运行。

根据"属地管理、分级管理"原则，各地方主要行政负责人是本地区水利工程防洪及安全管理工作的第一责任人。各级行政领导责任人主要负责贯彻落实水利工程防洪及安全管理工作的方针政策、法律法规和决策指令，统一领导和组织当地水利工程防洪及安全管理工作，督促有关部门认真落实防洪及安全管理工作责任，研究制定和组织实施安全管理应急预案，建立健全安全管理应急保障体系[①]。

二、水利工程治理的行业责任体系

随着水利事业发展进入新时代，我国治水的主要矛盾已经发生深刻变化，从人民群众对除水害、兴水利的需求与水利工程能力不足的矛盾转变为人民群众对水资源、水生态、水环境的需求与水利行业监管能力不足的矛盾。这就要求各地应加快健全水利工程治理的行业责任体系。

各水利工程主管部门的主要负责人是所在部门管理工作的第一责任人，承担全面领导责任；分管领导是直接责任人，承担直接领导责任。在地方政府的领导下，水行政主管部门负责本行政区域内水利工程防洪及安全管理工作的组织、协调、监督、指导等日常工作，会同有关主管部门对本行政区域内的水利工程防洪及安全管理工作实施监督。水行政主管部门应落实本部门的行业监管责任，推进水利工程治理工作的有效开展。

三、水利工程治理的直接责任体系

作为水利工程的直接管护主体，水利工程管理单位负责水利工程日常管理工作，按照相关管理规范制度严格执行防洪抢险预案、供水调度计划、工程安全管护、工程抢险等方面的安全管理措施。

作为水利工程防洪、安全管理工作的具体管护责任人，水利工程管理单位主要负责人负责组织开展日常安全检查，落实值班值守、安全巡查等各项报告制度；对水坝、启闭设备、输水管道、通信设备等进行常态化的观测和保养维护；负责职工的培训工作，

---

① 刘勇毅，孙显利，尹正平.现代水利工程治理[M].济南：山东科学技术出版社，2016：37.

提高职工的安全生产意识；组织编制水利工程防汛抢险物资储备方案和设备维修计划；发现险情时，工作人员要第一时间组织抢险工作，把群众的生命财产安全放在首位。

第四节　水利工程治理的评估体系

对水利工程治理成效的测评可以从多个角度各有侧重地进行，以做出系统全面的评价。工程管理单位所在地党委、政府可以进行地方行政能力评估，水行政主管部门可以按照不同工程种类的各项技术要求进行行业评估，社会对水利工程管理单位的评价可以通过对指标的检查与考核，全面建立评估体系。

一、行政评估体系

行政评估体系主要是指水利工程管理单位所在地党委、政府对水利工程管理单位的领导班子、业务成绩、管理水平、人员素质、社会责任等各方面的总体评价及综合认定。

考核内容可包括两个方面，一是党的建设，二是重点工作任务。

党的建设方面，主要考核坚持正确政治导向，紧扣"党要管党、全面从严治党"的主题，把握"国有企业党委（党组）发挥领导作用，把方向、管大局、保落实"的定位，并形成一套简便易行、务实管用的党建工作考核评价系统。

重点工作任务方面，根据业务开展重点每年可确定 10 ~ 12 项考核指标，主要考核水利工程管理单位年度发展主体目标、履行职能重点工作完成情况、全面深化改革重点任务和法制建设成效。

考核实行千分制，两项内容各占 500 分。在考核方式上，将定量考核与定性考核相结合。对定量指标设定目标值，由考核责任部门（单位）根据年度数据核定，目标值完成不足 60% 的指标，记零分，完成 60% 以上的，按实际完成比例计分。定性指标的考核，由考核责任部门（单位）考核各项指标和要点落实推进情况，考核要点完成的计该要点满分，未完成的记零分。

考核还可以设置扣分项目，对依法履职、社会稳定、安全生产等几个方面出现问题的予以扣分，且单项扣分不超过 10 分。考核中可以设置工作评价环节，由相关部门或个人对管理单位年度工作做出总体评价，并依据综合考核分值，分为"好""较好""一般""较差"四个档次。

为强化激励约束，综合考核结果的权重可以占到水利工程管理单位领导班子主要负责人年度考核量化分值的 80%，占其他班子成员年度考核量化分值的 60%。这样可以实现考事与考人有机结合，可以据此对水利工程管理单位党建情况、重点工作完成情况和领导班子队伍建设情况做出整体评价[①]。

二、行业评估体系

行业评估体系主要是指各级水行政主管部门依照制定的各项指标，对水利工程管理单位的管理工作进行综合评估。

水利部于 2019 年 2 月 13 日印发新修正的《水利工程管理考核办法》，对水利工程管理单位的自检、考核、初验、申报、验收、批准、复核等阶段的工作进行了规范。部分省水行政主管部门结合自身实际，针对不同的工程类别分别制定了切实可行的考核方法。

水利工程管理考核的对象是水利工程管理单位，重点考核水利工程的管理工作，包括组织管理、安全管理、运行管理和经济管理四类。

三、社会评估体系

社会对水利工程管理单位的评价可以通过对两级指标的检验与考核，全面建立评估体系。评价指标主要包括一级和二级评价指标。

（一）一级评价指标

一级评价指标共 5 项内容：体制改革、管理制度、自动化和信息化、管理能力、基础条件。

---

① 刘勇毅，孙显利，尹正平.现代水利工程治理 [M].济南：山东科学技术出版社，2016：39-40.

1.水利工程管理体制改革

国有大中型水利工程管理体制改革成果进一步巩固,两项经费基本落实到位,水利工程管理单位内部改革基本完成,维修养护市场基本建立,分流人员社保问题妥善解决;小型水利工程管理体制改革取得阶段性进展,管理主体和经费得到基本保障。

2.水利工程运行管理制度建设

健全各类水利工程运行管理的法规制度和相应的技术标准,能够满足水利工程安全运行和用水管理、科学管理的要求;水利工程运行管理制度健全,全面落实安全管理责任制,切实防止重大垮坝、溃堤伤亡事故及水污染事件发生,保障工程安全及人民群众饮用水安全。

3.水利工程自动化和信息化建设

整合气象、水文、防汛等资源,水库、水闸等重要大型水利工程基本实现水情、工情、水质等监测信息的自动采集和同步传输,以及重要工程管理的实施和全天候监控;水利工程运行管理初步实现自动化和信息化,运行效率显著提升。中、小型水利工程的自动化和信息化水平显著提高,基本满足工程运行管理的需要。

4.水利工程单位管理能力建设

水利工程管理单位人员结构得到优化,专业素质显著提高;运行管理设备设施齐全、功能完备;突发事件处理技术水平、物资储备、综合能力、反应速度和协调水平显著提升。在地方政府支持和社会各界的配合下,水利工程管理单位可以有效预防、及时控制和妥善处理水利工程运行管理中发生的各类突发事件。

5.水利工程基础条件建设

对于水利工程而言,建设是基础,管理是关键,使用是目的。加强水利工程基础条件建设,完善相应的配套设施,保证水利工程的质量,以达到工程平稳运行的目的。

(二)二级评价指标

二级评价指标共23项:工程维修养护经费与人员经费到位、大专及大专以上学历人员的比例（小型工程高中以上）、安全管理行政责任制落实、内部管理岗位责任制落实、水利工程信息化集中监控综合管理平台设置、视频会议决策系统（房间及传输显示）配置、智能化远程调度操控终端配置率、水利工程管理范围内视频监控全覆盖、水利工程监测数据自动采集、巡视检查智能化、雨量水位遥测预报、水利工程运行基本信息数字化、办公电脑配置率、完成工程安全管理应急预案制定与批准、视频监视设施完好率、工程监测设施完好率、启闭设施完好率、注册登记、工程管理范围及保护范围划界、安全鉴定达到 2 级以上、金属结构安全检测达到 2 级以上、管理单位安全等级达到 2 级以上、满足设计要求。

评价方法包括定量描述与定性表述。定量描述是通过简单、方便的函数计算所得数据，评价可复制、可推广、可评估、可量化、易于操作的分项指标；对难以定量确定的指标，通过综合分析表述方法对指标性质进行定性表述。

第三章　现代水利工程治理的保障措施

水利工程治理工作是一项长期、复杂的系统工程，很容易受到多种内外因素的影响。本章在水利工程治理体系框架下，基于水利工程治理的原则，从水利工程治理的质量管理、法律、体制等层面展开进一步的研究和探讨，并具体提出了现代水利工程治理的保障措施，以确保水利工程能够充分发挥其在社会、经济方面的综合效益。

第一节　水利工程治理的质量管理保障

水利工程作为地区经济发展的重要基础设施工程之一，建设投资大，运行时间长。对于水利工程来说，水利工程的质量好坏关系到工程日后的运行和管理，责任重大，影响很大。一旦水利工程质量出现了问题，轻则影响工程投资收益，重则影响地区社会经济的可持续发展和广大人民群众的防洪安全问题，影响水利行业的建设与发展，关系到党和政府在人民群众中的形象。因此，现代水利工程治理必须将工程质量的管理放在重要的位置上。

一、水利工程常见质量问题

水利工程涉及面广、工作量大、周期长、建设难，质量事故时有发生。当前水利工程常见质量问题集中体现在有些施工中存在分包、转包现象，埋下质量隐患；一些施工队为了赶工期，加快工程进度，导致工序缺失；有一些工程存在技术性的质量问题；等等。施工转包降低了水利工程的监管力度，对其质量控制无法得到保证；施工队赶工期，易造成工序上的缺失，如水泥混凝土固结时间短造成的质量隐患；技术监督不到位，致使水利工程在设计上存在技术性缺陷，极易诱发质量问题。这些质量问题时刻威胁着人民群众的生命和财产安全。

二、水利工程常见质量问题解决途径

（一）强化施工企业质量控制

在现代水利工程治理中，施工企业应强化自身质量控制，从实际出发，按照科学方法对工程实际情况进行质量把关，增强施工企业对工程质量的有效监督，坚持以预防为主。一旦发现水利工程中的质量问题，施工企业应及时处理，避免事故的发生。

（二）科学合理安排工期进度

有些施工方为了在规定期间完成工程项目，往往会在施工中减少或缩短一些"不必要"的工序，以达到赶进度的目的。这样的做法在某种程度上降低了施工成本，但是为工程质量问题埋下隐患。工程项目赶进度的原因是多方面的，前期工程规划不合理或对工地气候估计不足都容易造成工期紧张。施工方减少或缩短工序表现在混凝土浇筑过快、浇筑后固结时间短以及工程养护不到位等方面。这些做法严重影响了工程的质量，容易造成混凝土部分开裂，危及工程安全。

因此，为避免赶工期造成的质量隐患，施工方在前期规划时就应充分考虑各种因素可能对工程进度产生的影响。我们应充分考虑影响工期的各种因素，并有针对性地进行科学合理的安排，大大降低工期紧张的风险，从而确保工程顺利、按时完成。

（三）加强技术管理，减少质量隐患

为保障工程各项技术指标能符合工程的设计要求，在施工过程中，施工方要完善技术管理体系，加强技术管理，按照科学的方法指导技术管理工作。此外，在实际操作中，施工方要强化工地监控，主动提高技术控制意识，定期或不定期安排技术人员进行巡检，从源头杜绝质量隐患。

三、质量管理保障的具体办法

（一）落实领导责任制

全面落实领导责任制，强化监管。施工企业主要负责人要以对人民负责和对历史负责的态度，严格把控质量管理工作，重视工程质量。按照行业规范和设计要求，施工企业主要负责人要保证工程交付验收时能达到合格标准，杜绝质量隐患，真正将工程质量工作落到实处。

（二）严格控制专业分包，禁止转包

水利工程建设项目禁止转包，主体部分不得分包。分包商的资质必须达标，以满足工程建设的需要。如果分包商资质条件不足或提供材料不充分，不得分包。相关人员要认真做好对分包商资质的评估工作，从源头上杜绝水利工程项目上可能出现的质量问题。

（三）加强质量控制

严格检查开工条件，叫停那些准备不充分、物资不到位以及质量措施不完善的工程项目，避免因仓促开工引发质量问题。对于已经完成的单位工程，相关人员要继续进行质量检测，在使用过程中出现问题时，要及时消除质量不合格或不满意效果的因素，实现全面的质量控制。

（四）加强职工培训

人是现代水利工程治理中的第一要素，职工是保证工程质量的第一线。加强职工培训，提高职工业务能力，充分保障工程质量。为确保培训取得实效，施工单位应建立培养内部质量管理讲师、强化职工上岗前的质量管理培训、"师父带徒弟"以及开展质量技术大比武等保障机制。在进行培训时，培训人员可以通过案例教学、现场讲解、岗位实操、互教互学等方式，努力培养和提高职工的质量意识。

第二节 水利工程治理的法律保障

为贯彻落实党中央依法治国的决策部署，现代水利工程治理工作要以新时期治水新思路为指引，坚持把依法管水、依法行政放在首要位置，健全水利工程治理法律法规体系，建立并完善水利工程治理的依法行政机制，加强水利工程建设项目管理工作，为现代水利工程治理提供法律保障。

一、对江河湖泊的依法管理

江河湖泊是水资源的载体、汛期洪水的通道、生态环境的组成部分，具有重要的生态功能和资源功能。强化对河湖的依法管理，不仅能有效制止一些侵占水资源的违法行为，还能全面提升河湖管理的专业化、规范化以及法制化，实现由过去的传统管理向现代管理转变，由过去的粗放型管理向科学的精细型管理转变。

依据《水法》《防洪法》等法律法规，各地方应根据实际情况完善河湖管理的规章制度，严格执行相关的技术标准，使河湖管理工作有法可依、有法必依。

（一）依法建立规划约束制度

组织实施流域综合规划、流域防洪规划、岸线利用管理规划、水土保持规划等重要规划。根据国家整体规划，并结合河湖管理的实际情况，科学制定相关规划细则，加强对河湖的依法管理。

建立健全规划治导线管理制度。根据《防洪法》规定，水利工程应按照规划治导线实施，不得任意改变河水流向。国家确定的重要江河的规划治导线由流域管理机构拟定，报国务院水行政主管部门批准。其他江河、河段的规划治导线由县级以上地方人民政府水行政主管部门拟定，报本级人民政府批准；跨省、自治区、直辖市的江河、河段和省、自治区、直辖市之间的省界河道的规划治导线由有关流域管理机构组织江河、河段所在地的省、自治区、直辖市人民政府水行政主管部门拟定，经有关省、自治区、直辖市人民政府审查提出意见后，报国务院水行政主管部门批准。

落实水域岸线用途管制，将水域岸线按照规划划分为保护区、保留区、限制开发区、开发利用区，严格分区，依法管理。

（二）依法建立河湖管护机制

按照分级管理原则，将河湖管护主体、责任和资金落实到位。充实基层管护人员，实现河湖依法管理的全面覆盖。

积极引入市场机制。在依法管理的框架下，对那些由社会组织、企业和机构等承担的管护工作，如工程维护、岸线绿化等具体工作，可按照积极稳妥、公开择优、注重绩效、健全机制的原则，通过合同、委托等方式向社会购买公共服务。

创新河湖管理模式，推行政府行政首长负责的"河长制""湖长制"，为河湖管护工作负总责。要建立务实、高效、管用的监管体系。以深化水利改革工作为契机，积极落实"河长制""湖长制"，完善法制、体制、机制，全面推进河湖监管工作。截至2017年底，我国25个省（自治区、直辖市）已全面建立河长制。全国共明确省、市、县、乡四级河长、湖长30多万名，部分省份将河长体系延伸到村，设立村级河长60多万名（包括一些地方的巡河员、护河员）。各省（自治区、直辖市）均设置省、市、县级河长制办公室，建立了配套制度，党政负责、水利牵头、部门联动、社会参与的工作格局基本形成。

（三）依法开展确权划界工作

依照相关法律法规，开展水利工程确权划界工作。作为技术支撑单位，水利部建设管理与质量安全中心负责调查工作技术指导，组织划界确权调查工作业务培训。河湖及水利工程确权划界信息按照《水利部办公厅关于开展河湖及水利工程划界确权情况调查工作的通知》（办建管〔2014〕186号）的附表和填表说明规范填写，确保信息完整和准确。

按照因地制宜、轻重缓急、先易后难的原则，相关人员有效开展水利工程确权划界工作。确权工作困难的地方可先划界、后确权。对于已经确权划界的，应设立界桩

（图 3-1）等标志，严格管理。对管理范围界线和权属清晰、没有争议的水利工程，应依法办理土地使用证，确定土地使用权。

图 3-1　界桩

二、依法管理河道采砂

依法管理河道（含湖泊）采砂，杜绝私采滥挖的乱象，对维护河湖稳定，保障水库和河湖供水安全、防洪安全、生态安全具有非常重要的意义。加强河湖依法采砂管理工作需要做到以下几点。

（一）依法抓好责任落实

政府行政首长负责制是强化依法管理河道采砂工作的重要保障。完善各级河道采砂管理政府行政首长负责制，明确各河段、各湖区、各级、各单位的责任人，健全河道采砂督导机制和问责制度；要加强队伍建设，建立水利部、流域管理机构、地方水行政主管部门分级负责的河湖监管体系；通过建立专管机构，培训管理人员使用现代化监管设施，提高河道采砂依法管理的能力；开展一系列河道采砂专项整治行动，打击各类非法采砂活动，保障河湖防洪安全、工程安全以及生态安全。

（二）依法严格规划，强化计划管理

建立科学的管控制度，最有力的措施就是加强规划管理。依法严格规划与计划

管理主要包括以下两点：一是制定工作方案，明确编制标准，充分做好河道采砂规划编制工作，查明河道采砂资源储量，规划开采区和禁采区，做好开采影响性分析评价工作；二是结合河湖现状以及采砂需求情况，在保障河湖安全的前提下，按照已经批准的河道采砂管理规划，合理制订以采砂场为单位，包括开采方式、开采期、开采范围、开采量等指标的采砂计划。

目前，我国在河道采砂规划上成效显著。在已经完成长江和西江岸线保护和利用规划、长江干流采砂管理规划的基础上，以流域为单元，启动黄河、淮河等其他大江大河岸线保护、利用以及规划编制工作。

（三）依法落实采砂许可制度

河道采砂应当遵循依法、科学、有序的原则，统筹规划，计划开采，总量控制，确保河湖安全，防止水土流失，维系河湖生态环境。在采砂活动中，务必实行严格的采砂许可制度。按照河湖管理权限，依据采砂规划和实施计划，严格履行审批程序，做好采砂许可工作。对于符合法定要求的采砂单位，实施河道采砂许可应当遵循公平、公正、公开、及时的原则，可颁发采砂许可证，但必须明确开采时间、开采范围、开采量以及采砂工具（包括采砂船只）。

水行政主管部门或者流域管理机构应加强开展河道采砂许可后续监督管理工作。具体工作内容主要包括是否按照河道采砂许可证的规定进行采砂、是否持有合法有效的河道采砂许可证、是否按照规定堆放砂石和清理砂石弃料、是否按照规定缴纳了河道采砂管理费、应当监督检查的其他情况。

三、河道采砂管理新要求

为进一步加强河道采砂管理，根据《水法》《防洪法》《河道管理条例》等法律法规和中央全面推行河长制、湖长制相关要求，水利部于 2019 年发布《水利部关于河道采砂管理工作的指导意见》，切实提高政治站位，高度重视河道采砂管理；以河长制、湖长制为平台，落实采砂管理责任；坚持保护优先原则，强化规划刚性约束；严格许可审批管理，加强事中事后监管；加强日常监督巡查，严厉打击非法采砂；加大舆论宣传力度，强化监管能力建设。

四、涉河建设项目依法管理

涉河建设项目依法管理工作是确保水利工程体系效能发挥的重要手段，是防洪保安的重要保障，是维护社会公众利益的有效途径。以水生态文明建设为总揽，围绕管理制度化、规范化、科学化、法制化和现代化要求，积极探索实践涉河建设项目管理新方法、新举措，强化涉河建设项目依法管理工作势在必行。

（一）涉河建设项目中存在的问题

1. 涉河建设项目许可程序不正规

河道管理范围内的建设项目必须按照河道管理权限，经河道主管机关审查同意后，方可开工建设。然而，一些单位在规划涉河建设项目时，未能充分参考水利部门的意见，未批先建、边批边建现象时有发生，甚至一些单位在经水行政主管部门处罚后才到水利部门补办手续。

2. 河道及流域规划缺失或滞后

根据《防洪法》《河道管理范围内建设项目管理的有关规定》，河道管理范围内建设项目必须符合国家规定的防洪标准、岸线规划、航运要求和其他技术要求。然而，由于各地的水情复杂，大部分河流的综合规划、防洪规划、岸线规划等规划缺失或滞后，不能成为有效的审查依据。而大部分建设项目都会对河道产生一定程度的影响，但如何采取有效的补救措施消除这些影响却没有统一的标准，给建设项目的审查带来一定的难度。然而，一些水利部门审查时未考虑河道内所有已建成或在建项目叠加的影响，也严重影响了建设项目审查质量。

3. 洪水影响评价工作尚未规范

《河道管理范围内建设项目管理的有关规定》中要求，对重要的建设项目，建设单位应编制更详细的防洪影响评价报告。虽然防洪影响评价制度已经付诸实践，但部分评价报告编制的内容不规范，报告深度、精度不够，甚至有些是为了评价而评价，远不能满足防洪影响评价作为建设项目审查依据的需要。

4.一些地方干预水行政执法

目前，水行政执法主体没有强制执法手段。有些大型建设项目往往是国家投资、地方政府集资或招商引资的重点项目，水行政主管部门在监管过程中发现工程存在违规现象进行执法时，一些地方往往出面协调，干预水行政执法。行政干预导致河道主管机关对建设项目管理常常处于非常被动的地位。

（二）强化涉河建设项目依法管理工作的具体措施

1.依法加强前期引导工作

将涉河建设项目建设方案审查工作作为项目立项的前置条件，从建设项目前期工作开始就应主动服务，加强与发改、交通、电力、石油等有关部门的沟通与协调，畅通涉河建设项目信息沟通渠道，充分发挥引导作用和服务效能，在最大限度减少涉河建设项目对河道行洪、防洪安全等不利影响的前提下，积极支持项目建设，切实加强涉河建设项目管理与服务，营造良好的工作氛围。

2.依法加强建设方案审查工作

涉河建设项目审查质量是保障河道防洪安全和建设项目工程安全的关键。为进一步提升涉河建设项目审查质量和服务监管能力，应设立防洪评价报告评审专家库。技术审查是涉河建设项目管理的核心，应结合多年管理工作实际，立足各地河道水情、工程实际，出台《河道管理范围内建设项目技术审查规定》，为管理工作开展提供技术保障。在审批阶段，各级水行政主管部门应以专家评审意见为主导，以下级水行政主管部门同意为前提，以最大限度地减少建设项目对防洪的影响为目标，严谨做好项目审批工作，严把审批关。

3.制定统一的建设项目防洪影响评价规范标准

针对目前防洪影响评价工作中存在的不规范问题，制定统一标准，对评估报告的内容、编制格式做出具体规定。同时，根据各种不同的建设项目分别制定工程影响的标准以及防洪补救的方案，引入第三方评价机构，确保评价报告的客观和真实。

4.依法做好项目后续监管工作

出台《河道管理范围内建设项目后续监管工作管理规定》，在涉河建设项目审查后，开工前要求监管单位对施工方案进行审查并办理项目开工手续，开工时监管单位要在施工现场明确项目位置和界限，开工后进行施工现场监管，并定期开展监督检查工作。要高度重视防洪影响补救工程的落实情况，应规定实施防洪影响补救工程和主体工程同时设计、审批、同时实施的"三同时"制度。监理单位应高度重视完工后的现场清理和验收工作，规定对防洪影响补救工程施工质量不合格或施工现场清理不彻底的，不予办理完工验收手续。

5.加大水行政执法力度

建设单位要确保建设项目必须严格按照审批程序实施报批和建设，对建设过程中出现的批建不符的情况要严肃查处。对大型涉河建设项目实行地方首长负责制，与防汛抢险相统一，提高涉河建设项目管理效率，从而更好地依法管理涉河建设项目。

第三节　水利工程治理的体制保障

长期以来，我国致力推进水利工程管理体制改革，水利工程管理水平得到了很大提升。在开展现代水利工程治理的同时，要继续积极稳妥地推动我国水利工程管理体制改革。水利工程治理的体制保障不但能激活水管单位自身的活力，而且保证了水利工程设施的安全运行，提高了水利工程的社会经济效益，保障了水资源的可持续发展。

一、深化水利工程管理单位管理体制改革

（一）水利工程管理体制改革中的问题

一些水利产业政策相对滞后，没有及时调整和引导水利产业发展的相关政策规范，对水利工程管理如何与市场经济同步研究不深入、不透彻，造成水利工程管理体制改革出现了一些问题。

（二）水利工程管理体制改革的重点

水利工程管理中条块分割、政企不分、政事交叉、职责不清的管理体制是由行政主体和业务主体分开造成的。管理体制的不协调造成了行政主体和业务主体之间的责任划分不清，出现管理混乱的局面。因此，在现代水利工程治理中，理顺管理体制、保障体制良性运行也是水利工程管理体制改革的重点[①]。

（三）继续推进水利工程管理单位分类定型工作

以国家实施事业单位、国企改革为契机，对未完成定性或有选留问题的水管单位继续深化水管工作改革，按照其功能和任务进行分类定型。

公益一类事业单位：承担防洪减灾等水利工程管理运行维护任务的纯公益性水管单位。

公益二类事业单位：既承担防洪减灾等公益性任务，又承担供水、水力发电等经营功能的水利工程管理运行维护任务的准公益性水管单位。

公益三类事业单位或企业：承担城市供水、水力发电等水利工程管理运行维护任务的经营性水利工程管理单位。

（四）充分落实财政支付政策

各级财政应充分落实财政支付政策，推动更高质量、更高效率的财政支付体系建设。从实际情况出发，各级财政应积极解决财政支付管理中的问题，平衡收支压力，加大支付资金监管力度，保证水利工程的安全运行。

（五）继续推进管养分离

继续积极推行水利工程管养分离，加强水利工程管理单位自身造血能力。为确保水利工程管养分离的顺利实施，各级政府和水行政主管部门及有关部门应当努力创造条件，培育维修养护市场主体，规范维修养护市场环境，实现水利工程长期有效运行。

二、推进水利工程管理单位内部机制创新

推进水利工程管理单位内部机制创新，形成良性的竞争机制，是现代水利工程管

---

① 张敬光.实施水利工程管理体制改革的思考[J].四川水利,2004(2):38-42.

理工作的重要一环。通过水利工程管理单位内部机制创新，彻底摒弃那些不适应市场经济发展的陈旧观念，改变以往完全依赖计划和行政命令的僵化思维方式，建立长期发展思想，制定科学的、符合实际的中长期发展规划。

推进水利工程管理单位内部机制创新包含以下几点内容。

（一）制度化管理

水利工程管理单位要充分发挥政府作用和市场机制作用，加快水利工程管理工作制度化进程。健全内部管理规章制度，用制度引领创新。在保证不会因追求短期的经济利益而损害工程综合利益的前提下，鼓励水管单位立足自身资源，主动开展市场经营活动。

深化水价改革，完善水费征收制度。2017 年，有关部门联合发布《关于扎实推进农业水价综合改革的通知》《农业水价综合改革工作绩效评价办法（试行）》等文件，把农业水价改革纳入最严格水资源管理制度和粮食安全省长责任制考核。截至 2017 年底，农业水价综合改革已覆盖全国近 700 个县和 100 个灌区，改革实施面积累计达到 5 200 万亩以上，其中 2017 年新增农业水价综合改革面积 3 200 余万亩。实施农业水价综合改革的地区节水成效初显，亩均节水约 100 立方米，灌溉历时平均缩短约 20%。

（二）推进岗位匹配机制

在人力资源管理中，一个重要的机制就是个人与岗位的匹配。在水利工程管理工作中，职工与岗位相匹配，要符合以下特点：岗位性质与职工相应的报酬；职工应具备相关岗位的技能和责任心；工作报酬与个人动力相匹配。水利工程管理单位应大力推进岗位匹配机制。

（三）建立健全有效的约束和激励机制

水利工程管理单位应建立健全有效的约束和激励机制，从各个方面入手，充分调动职工的积极性和创造性。在事业单位的体制框架内，建立荣誉称号、职务晋升、绩效奖金等多种形式的激励机制，促进职工个人素质和能力的提升，在内部营造公平、公正、公开的竞争机制。

（四）绩效评估体系创新

绩效评估体系创新对水利工程管理单位建立适应现代水利工程治理的管理方式和管理体制具有重大意义。水利工程管理单位应进一步优化评价指标，构建理性、量化的绩效评估体系，提高考核工作的科学化水平，促使职工更加认真、努力地工作，保质保量地完成各项任务。

三、强化水利工程管理单位人才队伍建设

（一）人才队伍建设规划

按照"聚天下英才而用之"的指导思想，以促进人才发展作为人才工作的根本出发点，分析人才发展现状和形势，根据各类人才成长的特点和基层水利工程管理工作的需要，找出人才工作中的薄弱环节，科学制定水利人才资源规划，做好人才队伍建设规划，将水利工程管理单位水利人才队伍建设纳入水利发展的总体布局。

（二）推进人才选拔任用制度改革

始终坚持将品德、知识、能力和业绩作为衡量人才工作的主要标准。不只看学历、资历、职称，重点参考人才的综合素质。应充分考虑部分基层水利工程管理单位地处偏远地区的实际情况，可以将应届毕业生录取条件的学历要求适度降低，充分吸引那些有真才实学的应届毕业生扎根基层，奉献水利事业。

（三）做好相关业务培训工作

为进一步提升管理人员的业务技能，相关部门应出台加强业务培训工作的相关规定，聘请在水利工程管理方面有丰富经验的专家或相关人员，切实加强管理人员的业务培训工作，逐步形成培训长效机制，使管理人员在学习领会法律法规和技术规范的基础上，进一步做好水利工程管理工作，有效提升水利工程管理整体水平。

第四章　现代水利工程治理的安全管理

随着我国对水利工程项目的投资越来越大，水利工程施工安全管理问题逐渐突出。为确保水利工程治理的安全性，必须加快工程安全管理体系的建设，提高工程安全管理意识，实现水利工程施工的安全管理，这对促进我国社会经济发展有着重要的实用意义和价值。

第一节　安全管理基本知识

安全管理是企业生产管理的重要组成部分，是一门综合性的系统科学。安全管理又是一种动态管理，其对象涵盖整个生产流程，是对构成所有生产要素的物、人以及工作环境的状态进行管理和调控，以保证企业生产运行处于最佳的健康状态。

一、水利工程施工安全隐患

与一般建筑工程施工相比，水利工程施工存在的安全隐患更大、更多，主要表现在以下几个方面。

（一）工程的施工环境因素产生的安全隐患导致安全管理难度加大

水利工程规模较大，施工作业场地呈现"敞开式"状态，工程占地范围广且分散，施工设备器材和人员进出场频繁。

（二）工程施工的特点因素产生的安全隐患导致安全管理难度加大

水利工程施工涉及面广，施工涉及的对象多，施工难度大，技术复杂，单项工程多样性强，施工班次和班组众多，工序之间的联络不方便。

（三）从业人员的素质因素产生的安全隐患导致安全管理难度加大

水利工程施工需要招募大量工人，这些工人大多文化水平有限，很多人没有经过专业培训和安全教育，缺乏基本的安全知识和安全防范意识，对水利工程的建设规程了解甚少，不能够较好地适应水利行业的工作条件和环境。与此同时，在施工过程中，工种分配经常变化，也导致施工人员的安全适应能力相对较差。

二、水利工程安全管理中的问题

长期以来，虽然各级水行政主管部门加大了对安全生产管理的监管力度，但水利工程事故仍无法彻底消除。当前，我国水利工程在安全管理中主要存在以下问题。

（一）安全生产责任制落实不到位

安全生产责任制是企业岗位责任制的一个重要组成部分。在落实安全生产责任制的过程中，水利工程单位往往会出现责任不明等问题。责任不明表现在责任主体的安全生产责任没有得到很好的落实、职工的岗位安全职责没有得到很好的落实、工程监理的专业监督职责没有得到很好的落实。企业的安全管理需要有人专项负责，但对施工安全管理的重视不足造成了安全管理的人力和物力不足，施工现场没有专人指导施工人员规范化操作，施工材料随意堆放，对施工的监管力度不够，甚至一些企业为了按时完成工程，不分日夜地加班，存在重大的安全隐患。

（二）安全生产管理工作滞后

一些水利工程单位在安全生产上意识不强，没有树立以人为本、安全发展的理念，在安全生产管理方面投入不足，没有按照规定要求组织教育培训，没有按照规定要求按时进行安全设施的维护、保养和更新。一些建设单位没有采取有力措施强化施工单位的安全生产能力，在安全管理上力度不够，甚至存在对安全问题认识不足和侥幸心理。

（三）安全隐患排查不彻底，整改力度不够

水利工程单位安全生产标准化建设工作刚刚起步，发展不均衡，思想认识不足，

安全信用基础档案建设亟待加强。具体表现在以下几方面：对国务院安委会部署的全国安全生产大检查工作的执行力度不够，少数单位以日常检查代替专项检查；对施工现场的重点部位和施工过程中的重要环节（如中洞室、高边坡、基坑、起重、模板、脚手架、运输作业的车辆、工地办公场所、危险物品仓库等）的安全隐患排查得不彻底；少数建设单位没有按照要求对工程项目中存在的隐患进行排查，对隐患的整改工作缺乏监督。

三、水利工程安全管理的意义

安全管理是水利工程管理中重要的环节，有着重要的现实意义。为防止重大事故的发生，保障人员和设备不受损害，保证不影响企业正常的生产运行，企业必须开展行之有效的工作，加大安全管理力度，减少事故的发生率，保障自身的平稳运营。

（一）安全管理工作缺失是事故发生的根源

据统计，大部分事故的发生与安全管理落实不到位有关。例如，2007 年 4 月 19 日，甘肃省张掖市高台县小海子水库下库北坝发生决口，导致下游数千亩农田被毁，造成巨大经济损失。水利部通报事故的直接原因是坝基的破坏，坝前坝后形成了渗漏通道，导致坝基沉降、坍塌。水库管理部门在安全管理过程中出现了问题，对这次事故承担相应责任。

安全管理工作缺失是事故发生的根源，是事故发生的本质原因。抓安全就是抓发展，抓安全就是抓稳定，抓安全就是保护生产力。因此，为防止事故发生，必须加强安全管理工作，不断改进安全管理技术，提高安全管理水平。

（二）安全管理保证"安全第一、预防为主"方针的落实

水利工程要牢牢树立"安全第一、预防为主"的思想，深入贯彻"安全生产、人人有责"的思想准则，不断增强职工的安全意识，达到人人重视安全，事事注意防范的最高思想境界[①]。广大水利工作者应自觉提高安全意识，严格遵守各项安全生产规

---

① 杨同庆，张磊．水利工程施工现场安全事故防治措施 [J]．建材与装饰，2018(3)：285.

章制度。同时，各级管理部门应加强安全管理工作，通过科学规划和决策，健全、完善安全生产管理体系，加强对安全生产的监管力度，保证"安全第一，预防为主"方针的贯彻落实。

（三）安全管理保证安全技术和劳动卫生发挥作用

安全技术是指各专业有关安全的专门技术，如防电、防水、防火、防爆等安全技术。劳动卫生指对尘毒、噪声、辐射等各方面物理及化学危害因素的预防和治理。毫无疑问，安全技术和劳动卫生措施对从根本上改善劳动条件，实现安全生产具有巨大作用。然而，这些纵向单独分科的硬技术基本以物为主，是不可能自动实现的，需要安全管理人员计划、组织、督促、检查，进行有效的安全管理活动，才能发挥出它们最大的作用。

（四）安全管理有助于改进企业管理

安全管理与企业的其他管理关系紧密，不可分割。作为企业管理的重要一环，安全管理工作是防止事故发生的有效措施。为降低事故的发生概率，安全管理必然涉及工作环境的治理、岗位的科学化配置、工程设施的检查维护以及工作方法的改进等诸多方面，而这些方面又直接与企业的生产管理、人事管理、设备管理以及技术管理等企业管理挂钩。所以，加强安全管理势必对整个企业管理提出更高的要求，起到正向的带动作用。这有助于改进企业管理，促进企业管理的全面进步。

第二节　水利工程安全生产管理规定

规范安全生产管理是实现水利工程有效治理的重要保障。水利工程如果发生生产安全事故，不仅会给国家经济建设和人民生命财产的安全带来严重的危害，还会增加施工单位的运营成本。水利工程安全生产管理规定的出台将安全生产各项计划和措施落实到水利工程建设的每一个环节，成为水利工程安全的最大保障。

一、有关水利工程安全生产管理的规定

为加强水利工程建设安全生产监管力度，水利部根据《中华人民共和国安全生产法》《建设工程安全生产管理条例》等法规条例，结合当前水利工程的特点，于2019年5月10日印发了新修正的《水利工程建设安全生产管理规定》，适用于水利工程的新建、扩建、改建、加固和拆除等活动及水利工程建设安全生产的监督管理。

《水利工程建设安全生产管理规定》于2005年发布，并于2014年、2017年进行过修正。2019年的这次修正是对该规定的第三次修正。新修正的《水利工程建设安全生产管理规定》明确了项目法人的安全责任，勘察（测）、设计、建设监理及其他有关单位的安全责任，施工单位的安全责任，监督管理以及生产安全事故的应急救援和调查处理等方面的责任，加强了水利工程建设安全生产监督管理，防止和减少了安全生产事故，保障了人民群众生命和财产安全。

二、实现水利工程安全生产的途径

为确保安全生产工作全过程有序、可控，确保安全管理工作落实到位，水利工程单位应坚持"管生产必须管安全"的原则，完善相应的管理机制，夯实施工安全基础设置，多方发力，多管齐下，探索出科学的、务实的、符合事物发展规律的安全管理途径。

（一）牢固树立安全发展理念

在水利生产经营过程中，无论是施工进度、建设管理、施工成本，还是其他各项指标，都应该建立在安全生产的基础上。有些单位对安全生产工作的认识不到位，重生产轻安全的现象仍然比较突出。在水利工程运行中，必须将从业人员与工程安全放在首位，不能留有任何危险余角，也不能以牺牲安全为代价抢工期、抢进度，更不能为了利益和成本淡化安全投入。水利工程单位必须牢固树立安全发展理念，确保安全生产主体责任的落实，加大安全管理方面的人员和资金投入，实现企业的良性安全发展。

（二）坚持"安全第一、预防为主、综合治理"

水利工程应以对人民生命财产高度负责的精神，坚持安全第一，坚持预防为主，将工作重心转移到治理隐患、防范事故上。坚持综合治理，健全、完善治理机制，采取有效措施全面加强安全生产工作，减少事故发生，确保安全生产形势持续稳定发展。

（三）落实企业主体责任，依法管理企业安全生产

作为安全生产的责任主体，水利工程单位必须落实安全生产保障措施，依法进行生产活动。水利工程单位要严格遵守安全生产相关的法律法规，认真执行安全生产标准。水利工程单位要积极开展事故应急演练，强化职工安全意识。依法为职工缴纳工伤保险，积极投保安全生产责任险。发生事故后，水利工程单位要及时上报事故，组织开展安全抢险工作，妥善处理事故造成的后果并认真总结经验教训。水利工程单位要积极开展职工安全生产教育培训，提高职工安全素质。水利工程单位要加强目标考核管理，将安全生产作为考核的重要内容，以考核手段督促职责的全面落实；制定严格的奖惩策略，确保各部门切实履行安全生产责任，发挥合力作用。

（四）完善安全生产监督管理体系，严格落实各级部门的监管责任

在水利工程运行中，各级部门的主要负责人是本区域安全生产工作第一责任人，对安全生产工作负总责；分管负责人和其他负责人对分管范围内的安全生产负责。水利部门的安全生产工作实际上是"一把手"工程，各个部门、各个单位的负责人必须对本区域或者本部门的整体安全生产工作负责，坚决执行"一岗双责"制度。落实生产经营单位安全生产主体责任，各级负责人签订安全生产责任书和承诺书。加强安全监管工作，设立安全生产专项资金，用于安全生产投入，要经常组织开展安全生产大检查，落实隐患整改到位，消除事故隐患，降低事故发生率。

（五）加强安全生产基础设施建设工作

水利工程单位要重视和加强安全生产基础工作，不断完善安全生产基础设施建设，确保消防安全生产设施、职业病危害告知牌及相关警示标志的建设。加强水利防

护用品、原材料的检验与质量控制，确保防护效果。水利工程单位要积极采用安全性能可靠的新技术、新工艺、新设备和新材料，不断改善安全生产条件。水利工程单位要加强设备管理，定期对设备进行检测、检修和保养，认清现场存在的潜在危险，严禁使用存在安全隐患的设备，不得让设备"带病作业"。

（六）建立隐患排查治理长效机制

水利工程单位应建立从主要责任人到每个岗位职工的安全工作责任制，落实隐患排查、治理以及防控的具体责任划分。水利工程单位必须将安全监管工作落实到位，将安全整治资金用到实处；按照有关规定，定期开展事故隐患排查治理工作，保障事故隐患排查工作的常态化进行；认真登记排查出来的事故隐患并归档，完善事故隐患信息档案；切实做好重要场所、重点设备的安全监管和动态监控，若发现隐患和异常现象，必须立即解决，杜绝隐患，确保万无一失。

（七）加强安全生产事故应急管理能力

水利工程单位应根据安全生产事故有关应急预案，建立并完善水利行业内各类安全生产应急预案。按照《生产经营单位安全生产事故应急预案编制导则》，水利工程单位应建立健全包括企业单位、基层部门以及关键工作岗位在内的一整套应急预案体系，并与当地政府以及各部门的应急预案相互协调，不发生冲突。加强安全生产事故应急预案演练，不断充实、完善应急预案的内容，提高应急预案的科学性、专业性、实效性以及可操作性。同时，各企业应及时总结预案演练过程中存在的问题，及时修订、完善预案。

（八）加强安全生产宣传教育工作

水利工程单位要大力宣传国家安全生产方针政策和法律法规，提高自身安全生产宣传教育工作水平。水利工程单位要积极宣传各地安全生产工作的先进典型，认真学习，开阔视野。水利工程单位要建立事故灾难新闻发布机制，制定安全生产宣传栏，第一时间了解全国各地水利行业相关事故信息，深刻探讨事故原因并总结经验。水利工程单位要加强安全文化建设，开展安全生产教育培训，从源头杜绝违章行为。水利工程单位要组织形式多样、内容丰富的安全文化活动，提高广大职工的安全意识。

三、落实有关水利工程安全生产管理的规定

2017 年，水利行业共发生生产安全事故 12 起，死亡 19 人。全国省级及以上水行政主管部门组织 1 824 个检查组共 8 258 名专家赴现场开展水利安全巡查、检查和专项整治活动，排查治理隐患 37 682 个，审定公布水利安全生产标准化一级单位 60 家，其中水利水电工程施工企业 38 家、水利工程项目法人 9 家、水利工程管理单位 13 家，完成水利部负责的水利水电工程施工企业相关责任人员安全生产考核 8 600 余人。水利部共派出 10 个批次 159 个稽查组对全国 347 个项目进行稽查，下发"一省一单"稽查整改意见 144 份。流域机构和省级水行政主管部门开展自主稽查，共派出稽查组 449 个，稽查项目 1 342 个，下发整改通知 773 份。

目前，我国已经在水利工程安全生产方面取得了长足的进展。安全生产、综合治理的整体方针已得到进一步的落实，保证了安全生产工作的长期有效开展；有关安全生产的规章制度得到进一步健全和完善，并被严格执行；管理部门严把项目审批关，抓安全、促生产，从源头上杜绝了安全隐患，极大地提高了水利工程的安全系数；各水利工程建设单位做好安全管理工作，将安全生产纳入水利管理体系中，进行综合管理；管理部门加强对水利工程的监督检查工作，重点审查施工企业的资质，完善安全监督手续，落实施工企业安全生产责任，切实保障了施工现场的安全；对在建的大型水利工程实行安全生产检查，实行安全生产"一票否决"制度，全面构建"党政同责、一岗双责、齐抓共管、失职追责"安全生产责任体系。

第三节　水利工程安全事故处理

为规范安全生产事故的报告、调查和处理工作程序，最大限度地减少人身伤亡和财产损失，落实防范措施，实现防范并减少生产安全事故发生的目的，根据 2019 年

新修正的《水利工程建设安全生产管理规定》，在事故发生后，必须查清事故原因，查明事故责任，落实整改措施，做好事故处理工作，并依法追究有关人员的责任。

一、水利工程安全事故的种类

根据实际情况划分，水利工程安全事故可分为特别重大、特大、重大、较大四个级别。

按照质量与安全事故发生的性质、机制和事故过程，水利工程建设安全事故主要包括施工爆破安全事故、施工中土石方塌方和结构坍塌安全事故、施工场地内道路交通安全事故、特种设备或施工机械安全事故以及其他原因造成的水利工程建设重大质量与安全事故等。

二、水利工程安全事故处理的基本原则

（一）严格遵循国家及行业法律法规、规程、规范的要求

贯彻落实"安全第一、预防为主、综合治理、持续改进"的安全生产管理方针，确保生产安全事故的报告、调查和处理合法合规、快速有效。水利工程安全事故要遵循"一岗双责"和"管生产同时必须管安全"的基本原则，各参建单位第一责任人为本单位安全生产第一责任人，对本单位的生产安全事故负总责。

（二）严格遵循分级责任管理原则

按照分级责任管理原则，建立各级安全生产管理机构。分级责任管理在水利工程安全管理中是一项最基本且最重要的工作。各级安全生产管理机构的设置要遵守《中华人民共和国安全生产法》的规定，各级机构负责人负责本级安全生产管理工作。各级机构负责日常安全生产工作管理监督和落实，也负责本级生产安全事故的报告、调查和处理相关工作。

（三）严格遵循实事求是的原则

事故的调查处理须严格遵循实事求是的原则，科学地研究、分析事故的原因，及时、准确地查清事故经过、事故损失和事故影响，查明事故性质，认定事故责任，总

结事故教训，提出整改措施，并对事故责任者依法追究责任。

三、水利工程安全事故处理预案

各级地方人民政府水行政主管部门应根据本级人民政府的要求，制定本行政区域内水利工程建设特大生产安全事故应急救援预案，并报上一级人民政府水行政主管部门备案。流域管理机构应当编制管辖的水利工程建设特大生产安全事故应急救援预案，并报水利部备案。

项目法人应当组织制定本建设项目的生产安全事故应急救援预案，并定期组织演练。应急救援预案应当包括紧急救援的组织机构、人员配备、物资准备、人员财产救援措施、事故分析与报告等方面的方案。

施工单位应当根据水利工程施工的特点和范围，对施工现场易发生重大事故的部位、环节进行监控，制定施工现场生产安全事故应急救援预案。实行施工总承包的由总承包单位统一组织编制水利工程建设生产安全事故应急救援预案，工程总承包单位和分包单位按照应急救援预案，各自建立应急救援组织或者配备应急救援人员，配备救援器材、设备，并定期组织演练。

四、水利工程安全事故的处理及后续工作

发生生产安全事故后，有关单位应当采取措施防止事故扩大，保护事故现场。事故现场需要移动现场物品时，应当做出标记和书面记录，妥善保管有关证物。

应急事故处理现场指挥部直接负责事故的处理工作。当遇到较小的事故时，应急事故处理现场指挥部应立即组织抢险突击队，赶往事故现场进行抢救，并调配相关机械设备；当遇到较大事故时，施工现场人员应立即将事故情况报告给应急事故处理现场指挥部，指挥部在第一时间将事故情况报告上级有关部门和医疗协作单位，抢险指挥部调集抢险突击队和所有机械设备投入抢险，并全线停止所有与抢险无关的工作。

如果突发生产安全事故的事态进一步扩大，预计以事发单位现有应急资源和人力难以实施有效处置，这时应以应急事故处理现场指挥部的名义，请求建设单位、地方

人民政府协同相关单位、部门参与处置工作。

事故发生后须立即报告本单位负责人，1 小时内向上级主管单位、县级以上水行政主管部门逐级上报，每级上报时间不得超过 2 小时，可越级上报。30 日内事故情况发生变化，应重新确定等级并上报。

实行施工总承包的建设工程由总承包单位负责上报事故。特种设备发生事故的应同时向特种设备安全监督管理部门报告。部直属单位、省、自治区、直辖市、单列市每月 6 日前向水利部安全监督司上报上月报告。接到报告的部门应当按照国家有关规定，如实上报。各级部门应遵循"迅速、准确"的原则，逐级上报同级和上级水行政主管部门。水利部直管项目报告水利部，同时报告流域。

水利工程建设生产安全事故的调查、对事故责任单位和责任人的处罚与处理按照有关法律、法规的规定执行。

第五章　现代水利工程治理的环境保护原则

建设生态文明是关系人民福祉、关乎民族未来的大计，是实现中华民族伟大复兴中国梦的重要内容。2013年9月7日，习近平在哈萨克斯坦纳扎尔巴耶夫大学发表演讲并回答学生提出的问题，在谈到环境保护问题时，他指出："我们既要绿水青山，也要金山银山。宁要绿水青山，不要金山银山，而且绿水青山就是金山银山。"这生动形象地表达了我们党和政府大力推进生态文明建设的鲜明态度和坚定决心。贯彻节约资源和保护环境的基本国策，建设美丽中国，努力走向社会主义生态文明新时代。这一原则同样适用于现代水利工程治理。

第一节　水利工程治理环境保护概述

现代水利工程的建设尤其是大型水利工程建设一般具有工期长、对环境影响广等特征。很多大型水利工程对当地环境的影响甚至要在几年、十几年后才会显现。因此，做好水利工程的环境保护工作，实现人水和谐是一项长期而艰巨的任务。

一、环境保护的概念

环境保护就是通过采取行政的、法律的、经济的、科学技术的等多方面的措施，保护人类生存的环境不受污染和破坏，还要依据人类的意愿，保护和改善环境，使它更好地适合人类劳动和生活以及自然界中生物的生存。消除那些破坏环境并危及人类生活和生存的不利因素，一般是指人类为解决现实或潜在的环境问题，协调人类与环境的关系，保护人类的生存环境，保障经济社会的可持续发展而采取的各种行动的总称，其方法和手段有工程技术的、行政管理的，也有经济的、宣传教育的等。

保护环境是我国长期稳定发展的根本利益和基本目标之一，实现可持续发展依然是中国面临的严峻挑战。政府在人类社会发展进程中扮演着保护环境的重要角色，负有不可推卸的环境责任。

二、水利工程治理环境保护概念

水利工程实现了防洪、发电、灌溉、航运等巨大的社会经济效益的同时，在施工建设和运行过程中破坏了生态环境的平衡：导致水土流失、植被破坏；产生大气和噪声污染；造成大量机械污水和生活污水排放；导致水库工程库区水流速度减缓，降低河流自净化能力；导致污染物沉降，影响到了水生生物种群的生存繁衍；库区水位抬升，导致景观文物淹没，珍稀动植物灭绝；等等。

有些不利影响是暂时的，有些则是长期的；有些是明显的，有些是隐性的；有些是直接的，有些是间接的；有些是可逆的，有些是不可逆的。在环境影响方面，水利工程具有突出的特点：影响地域范围广阔，影响人口众多，对生态环境影响巨大。

水利工程在建设施工期间可能对环境与生态产生诸多影响，应在工程的规划、设计、施工、运行及管理的各个环节中注意保护生态环境。

三、现代水利工程治理环境保护的意义

自然也是一个生命体，人类所期望建设的现代化应是人与自然和谐共生的现代化。长期以来，人类把自然作为征服、索取的对象，既破坏了生态，也伤害了人类自身。人从自然中走出来，也在自然中生活，和自然是血脉相连的生命共同体。

当前，中国水利工程建设已经突破了技术制约和资金制约，但是面临着移民制约和环境保护制约的巨大压力。协调处理好水利工程建设与环境保护的关系，真正实现"在开发中保护，在保护中开发"是推动我国水利事业发展的必然选择。从"十一五"

提出的"在保护生态基础上有序开发水电"到"十二五"提出的"在做好生态保护和移民安置的前提下积极发展水电",国家都将水利工程建设中的环境保护放在了极其重要的位置。

因此,解决水利工程建设中存在的环境保护问题,以大气、水、土壤污染等突出问题为重点,推动环境质量持续改善,满足人民日益增长的优美生态环境需要,是现代水利工程治理环境保护的关键。

第二节　水利工程治理环境保护总体要求

一、党的十八大对生态文明建设的总体要求

党的十八大关于大力推进生态文明建设的总体要求:树立尊重自然、顺应自然、保护自然的理念,把生态文明建设放在突出地位,融入经济建设、政治建设、文化建设、社会建设各方面和全过程。着力推进绿色发展、循环发展、低碳发展,从源头上扭转生态环境恶化趋势,为人民创造良好的生产生活环境,坚持节约资源和保护环境的基本国策,坚持节约优先、保护优先、自然恢复为主的方针。努力建设美丽中国,实现中华民族永续发展,为全球生态安全做出贡献。

(一)树立尊重自然、顺应自然、保护自然的生态文明理念

树立尊重自然、顺应自然、保护自然的生态文明理念是推进生态文明建设的重要思想基础,体现了新的价值取向。我国在经济发展中比较注重遵循经济规律,但对自然规律尊重不够,如一些地区不顾资源环境承载能力肆意开发,对自然造成伤害,削弱了可持续发展能力。人类不能凌驾于自然之上,人类的行为方式应该符合自然规律,按照人与自然和谐发展的要求,在生产力布局、城镇化发展、重大项目建设中都要充分考虑自然条件和资源环境承载能力。

（二）把生态文明建设放在突出地位，融入经济建设、政治建设、文化建设、社会建设各方面和全过程

把生态文明建设放在突出地位，融入经济建设、政治建设、文化建设、社会建设各方面和全过程是推进生态文明建设的实质，也是对我国社会主义现代化建设提出的更新、更高的要求。在物质文明、政治文明、精神文明各层面，在经济建设、政治建设、文化建设、社会建设各领域进行全面转变、深刻变革，把生态文明的理念、原则、目标等深刻融入和全面贯穿到中国特色社会主义事业的各方面和现代化建设的全过程，推动形成人与自然和谐发展的现代化建设新格局。

（三）着力推进绿色发展、循环发展、低碳发展

着力推进绿色发展、循环发展、低碳发展是推进生态文明建设的基本途径和方式，也是转变经济发展方式的重点任务和重要内涵。在经济发展中，我们要尽可能减少单位产品的资源消耗、能源消耗和污染物排放，减少废弃物产生，努力形成同传统工业文明那种大量生产、大量消费、大量废弃、大量占用自然空间不同的经济结构、社会结构和发展方式。

二、党的十九大对生态环境保护的新要求

党的十九大在十八大的基础上再一次吹响了加快生态文明体制改革、建设美丽中国的号角。在决胜全面建成小康社会，开启全面建设社会主义现代化国家的新征程中，我们要打好污染防治这场攻坚战，尽快补上生态环境这块最大短板，提供更多的优质生态产品，满足人民群众日益增长的优美生态环境需要，使天更蓝、水更清、山更绿，真正实现人与自然的和谐共生。

党的十九大提出了新时代的奋斗目标，将2020年到21世纪中叶中国的发展分为两个阶段来安排。这些宏伟目标中就包括"生态环境根本好转，美丽中国目标基本实现""生态文明将全面提升"等内容。实现强国梦必须坚定不移地把发展作为第一要务，但发展必须是科学发展，要正确处理经济发展与环境保护的关系，转变发展方式，优化经济结构，建立健全绿色低碳循环发展的经济体系，坚定走生产发展、生活

富裕、生态良好的文明发展道路。

在党中央、国务院的领导下，各级水利部门深入学习、贯彻习近平新时代中国特色社会主义思想和党的十九大精神，紧紧围绕国家水安全主线，全面加快水利发展改革步伐，水利建设成效显著，水利支撑社会经济发展、促进生态环境保护的能力进一步提高。

三、技术规范和管理标准现状

近年来，国家审批的水利工程项目环境影响评价报告大多要求建设单位在可行性研究阶段之后开展环境保护总体设计，但目前还没有配套的编制要求和原则。

现有的与环境保护相关的技术规范和管理标准主要集中在项目前期的可行性研究阶段及之前。在之后的环境保护总体设计、环境保护设施专项设计和管理、环境监理等工作的内容和深度上，相关部门尚未制定相应的技术标准和管理标准，导致不同建设主体存在把握尺度不一、水平参差不齐等问题，影响了水利工程治理环境保护工作的成效。

四、对环境保护和水土保持工作的要求

近年来，环境保护部门明确要求开展环境保护总体设计、招标设计、环境监理等工作，水利部也明确要求开展水土保持监理等工作，要求严格落实环境影响评价和水土保持方案审批制度，要求在项目开工前报批环境影响报告书和水土保持方案报告书。相关部门出台一系列规范性文件和技术标准对环境影响评价和水土保持的报批工作进行规范和指导。建设单位应在项目建设过程中落实环境影响评价、水土保持的相关要求，确保环境保护和水土保持设施与主体工程"同时设计、同时施工、同时投运"。

五、对水利工程治理环境保护的总体要求

结合水利工程实际情况，相关部门在系统内部规范了设计要求，以达到对水利工

程治理环境保护标准化的目的。为满足环境保护"三同时"要求，相关建设主体在工程建设中要明确项目在工程开工前必须编制环境保护"三同时"实施方案。该标准对环境保护总体设计报告编制原则、适用范围、成果确认方式、设计深度提出了要求，对水环境保护、大气环境保护、声环境保护、固体废物处置、陆生生物保护、水生生物保护、水土保持、人群健康保护以及环境监测、水土保持监测方案、环境保护专项工程分标规划、环境保护措施"三同时"实施方案的主要内容和技术要求进行规范。该标准对保障落实环境保护总体设计工作，并保障环境保护措施与主体工程同步推进具有重要意义[①]。

第三节　水利工程治理存在的环境问题

一、水利工程对环境的影响

（一）水利工程对水质的影响

水利工程主要通过降水、渗水完成基坑排水，废水中有较多悬浮物，浓度可达每升 2 000 毫克，如果直接排放，就会对周围水质造成严重影响。但是，由于水利工程基坑排水量大，可能会达到数千万立方米，难免会对周围水质造成影响。砂石加工废水也将影响水质。在加工后的废水中，固体颗粒物较多，同样会对水质造成污染。此外，施工、运行期间产生的生活、生产污水一旦任意排放，也会影响到水质。

（二）水利工程对空气质量的影响

水利工程在建设中会大规模应用砂石、水泥等固体建筑材料，其中的固体颗粒物往往会随着施工的过程向周围扩散漂浮，进而对周边环境的空气质量产生极大影响。这些建筑粉尘不仅会对周围空气环境造成污染，还会对施工人员和周边人群的身体健康构成威胁。

---

① 舒泽萍.水电工程环境保护标准化管理的探索与实践[J].水力发电，2011,37(9): 9-12.

（三）水利工程对土地植被的影响

水利工程施工时会破坏部分林地、草地以及农田。施工占地包括临时性占地和永久性占地两大类。临时性占地包括土石料场、弃渣场、施工生活区等；永久性占地包括枢纽建筑物、淹没区、移民安置区、公路建设等。一般来说，临时性占地对当地植被的破坏都是暂时的，在水利工程施工结束后可通过采取复原措施对地面植被进行恢复或重建；永久性占地对植被的破坏是毁灭性的，不可复原。

水利工程建设必然会占用一定规模的土地，取土、放置材料和设备、放置建筑废料等行为必然会对土地利用造成影响。在施工过程中，机械、施工人员对地表植物造成的践踏碾压会破坏植被，容易引发水土流失。此外，施工中产生的废料和排放的废水往往含有大量重金属等有毒物，如果处理不当，会对当地土壤造成污染，破坏土方酸碱平衡，不利于植物生长。

（四）水利工程施工对声环境的影响

水利工程施工产生的噪声主要包括以下类型：固定、连续式的钻孔和施工机械设备产生的噪声，定时爆破产生的噪声，车辆运输产生的流动噪声。

根据施工组织设计，按最不利情况考虑，选取施工噪声声源强、持续时间长的多个主要施工机械噪声源为多点混合声源同时运行，在声能叠加后得出在无任何自然声障的不利情况下每个施工区域施工机械声能叠加值，分别预测施工噪声对声环境敏感点的影响程度和范围。

（五）水利工程施工对地质环境的影响

水利工程尤其是大型水利工程因大坝、电厂、引水隧道、道路、料场、弃渣场等在内的工程系统的修建，在施工过程中会造成地表、地形、地貌发生巨大改变。而对山体的大规模开挖往往使山坡的自然休止角发生改变，山坡前缘出现高陡临空面，造成边坡失稳。另外，大坝的构筑以及大量弃渣的堆放也会因人工加载引起地基变形。这些都极易诱发崩塌、滑坡、泥石流等灾害。

二、水利工程环境保护管理的问题

（一）环保措施不足

一些水利工程环境保护管理部门在发现环境问题后，并没有第一时间处理，而是在出现严重生态危机后才去采取措施，导致环境保护管理工作严重滞后。少数环保管理部门人员在工作中偷工减料，由于环保材料准备不足，难以对环境问题进行及时处理，从而加剧了环境问题。

（二）环保意识淡薄

在水利工程的设计施工中，施工人员和设计人员缺乏环境保护意识，对水利工程给环境造成的影响没有形成足够的重视。有些单位在施工结束后才发现存在环境破坏问题，这时已经很难根治。此外，很多工程建设人员环保意识淡薄，在施工中忽视了周围环境的生态效益，大肆破坏土壤和森林，极易造成严重的生态危机。

（三）资金投入不足

在水利工程施工建设中，一些水利工程的管理层片面追求经济效益，缺乏对环境保护的意识，环境保护资金投入不足，导致水利工程从一开始的设计就缺乏对环境问题的考虑。同时，水利工程业主单位与水利工程施工单位之间签订的合同对环保工作的规定条款较少，导致水利工程施工时对环境的保护只停留在口头上，无法有效实施[①]。

（四）法规不健全

现有的环境保护法律一般为通用性法律，缺乏对水利工程施工环境保护工作的具体规定，在水利工程施工中执行难度较大，不利于环境保护管理工作的开展。一些水利工程只重视对工程质量的监督管理，忽视对水利工程环境保护管理工作的监督，造成在环保管理上监管机制的缺失。

---

① 杨柳,石从浩,周娅.水利工程环境保护管理模式探讨[J].黑龙江水利,2017,3(6):81-84.

三、实行严格的监管制度

我们应建立系统完整的制度体系，完善考核评价体系，用严格的监管制度实现对水利工程周边环境的保护。相关部门应将资源消耗、环境损害、生态效益等指标悉数纳入考核评价体系中。同时，应建立与考核评价体系相配套的奖惩机制，使之成为推进环保工作的重要导向和约束。

（一）建立追责制度

对于那些不顾环境保护导致严重后果的各级责任人，应追究其责任。对违反环境保护条例的，视情节严重程度，应给予行政处罚或党纪政纪处分；构成犯罪的，应移送司法机关处理；造成损失的，应追究相关责任人的赔偿责任。

（二）建立健全环境保护管理制度

我们应健全能源、水、土地节约集约使用制度，强化水、大气、土壤等污染防治制度，健全环境损害赔偿制度，强化制度约束作用。同时，应加强生态文明宣传教育，强化职工生态意识和环保意识，形成爱护环境的良好氛围。

第四节　水利工程环境保护措施

水利工程施工期间大量毁林开荒，毁坏了陆生动物的栖息地；施工产生的大量工程废水以及生活污水、废弃物的排放改变了河道水域水质的浑浊度和理化性质，恶化了河道岸边爬行类动物的生存环境；施工产生的废气、噪声等驱散了原本长期在当地生活的动物。在地形复杂的山区，植物多样性丰富，水库工程运行期间会淹没大片区域，使植物丧失生活环境，造成植物种群减少，甚至使有些珍稀植物灭绝。水库蓄水导致栖息于低海拔草木灌丛中的鸟、兽的生活范围遭受破坏，被迫向高海拔或其他地区迁徙；天然河道岸边、河谷地带陆生动物的生活范围被淹没后，陆生动物的栖息地相对缩小。建库前，枯水季节许多支流常常断流，一些动物穿行于两岸取食，而水库蓄水后，动物的通道被切断，这大大影响了这些动物的生活习性。

由于各环境因子的特性及其所造成的影响不尽相同，其环境保护措施的技术要求也不同。按照水利工程对环境影响的特点，环境保护措施可以分为自然环境、社会环境和工程施工区环境的保护措施。

一、自然环境保护措施

（一）陆生植物保护

水库对陆生植物的影响主要是由水库淹没地表、移民以及施工活动等因素引起的。保护库区陆生植物是为了服务于工程地区的生态环境建设和社会经济发展，保护生物物种多样性。保护的重点是库区的地带性植被、原生于库区并被列为国家重点保护的珍稀濒危物种、库区特有物种及名木古树。

选用的措施主要包括以下几个方面：

（1）对重要陆生植物物种原产地、地带性植被和珍稀特有植物规划建立自然保护区和保护点。其选择原则如下。

①典型性：在具有代表性的植被类型中，重点保护原生地带性植被的地区。

②多样性：利用工程所在地区不同的小气候、地形、坡向、坡位、母岩、土壤等组合类型，建立类型多样的自然保护区。

③稀有性：以稀有种、地方特有种、特有群落、独特生境，特别是所谓的植物避难所作为重点保护对象。

④自然性：选择植被或土地条件受人为干扰尽可能少的区域。

⑤脆弱性：脆弱的生态系统具有很高的保护价值，而与脆弱生境相联系的生物物种保护比较困难，要求特殊的保护管理。

⑥科研或经济价值：保护对象要有一定的科学研究价值或特殊的经济价值。

（2）运用多种宣传方式，加强对保护名木古树的教育工作，培养库区人民热爱自然、保护自然的风尚。加强执法，使名木古树资源处于法律保护之内。

（二）陆生动物保护

为加强陆生动物的保护，我们可以采取以下措施：

（1）保护现有自然植被。加强植树造林，提高森林覆盖率，制止库区陆生脊椎动物群落从森林群落向草原群落、农田群落的逆向演替，使其维持森林群落发展。

（2）宣传贯彻《中华人民共和国森林保护法》和《中华人民共和国野生动物保护法》。一般地区执行部分禁猎，在安置区附近以及野生动物迁徙路线实行强制禁猎，禁止收购受国家保护的野生动物毛皮。

（3）建立自然保护区，结合地形、地貌、植被以及水源条件，开辟人工放养场地，使一些珍稀动物得到保护发展。

（三）鱼类保护

为减轻水利工程对鱼类的不利影响，我们可采取以下措施：

（1）工程在规划阶段需在库尾上游合适的江段建设珍稀特有鱼类保护区，以保护受影响的上游特有鱼类。

（2）在坝段建筑过鱼工程，如鱼道、鱼梯、鱼闸、升鱼机等。

（3）在坝下江段规划保护区，主要保护珍稀鱼类的产卵场，同时拟开展"水库调度对鱼类繁殖条件保障"的研究。

（4）适当调整水库调度方案，符合当地生态需要，保障鱼类产卵条件。

（5）当兴建水利工程影响洄游性鱼类通道时，应根据生物资源特点、生物学特性以及具体水环境条件，选择合适的过鱼设施或其他补救措施。

（6）在工程影响河段中不能依靠自然繁殖保持种群数量的鱼类或其他水生生物，可以建立增殖基地和养护场，实行人工放流措施。

（7）当因兴建工程改变河流水文条件而影响鱼类产卵孵化繁殖时，可以采取工程运行控制措施。例如，在四大家鱼繁殖季节进行水库优化调度，使坝下江段产生显著涨水过程，刺激产卵，但应避免水位变幅过大、过频，以保证鱼类正常孵化；当工程泄放低温水影响鱼类产卵和育肥时，在保证满足工程主要开发目标的前提下，应提出改善泄水水温的优化调度方案和设置分层取水装置。

（8）当因泄水使坝下水中气体过饱和，严重影响鱼苗和幼鱼生存时，应提出改变泄流方式或必要的消能形式。

（9）对受到工程影响的珍稀水生动物，应该选定有较大群体栖息地的水域，划定保护栖息地或者自然保护区，实行重点保护。

（四）土壤环境保护

水利工程改变了地表水和地下水的分配，引起地表变化，可能导致土壤盐渍化。土壤盐渍化的治理方法是采取水利和农业土壤改良措施，包括洗盐排水系统、合理轮作、间套轮作、施有机肥料和石膏、合理灌溉、选种耐盐作物、种植绿肥等。

要保护工程影响地区的土壤资源和土壤生产力，必须采取环境保护措施。根据受影响地区的影响性质和程度，提出相应的防治标准和保护措施方案，包括合理利用土地资源方案、水土保持规划以及工程措施、生物措施、耕作措施等综合性防治措施。

（五）下游河段调节措施

水库上游蓄水运用后，在某些时间和季节里，下游河道用水得不到满足。进行补偿性放水是针对受到大坝影响的下游河道的调节措施，也是各相关部门的普遍要求。即使小的补偿水流也可能使常驻鱼类存活和生长下去。下游水用户也可以通过及时的放水补偿得到满足。预测补偿放水对水流产生的水力和水文特性，提供鱼类偏爱或者物理安排要求的速度、深度、底层状况等是一件困难的事情。这种预测要求进行彻底的环境调查，并进行相关的水力学和水文学研究。

（六）改善水库泥沙淤积的措施

在多泥沙河流上修建水库会给上、下游带来复杂的生态影响，我们可以采取以下改善措施。

（1）加强流域中、上游的水土保持工作，从根本上控制水土流失。

（2）采取引洪淤灌、打坝淤地等工程措施，拦截入库泥沙并起到肥田的效果。

（3）掌握水库及河道的冲淤规律，合理调度水库，既调水又调沙，发挥综合利用效益。

（七）改善水库水质的措施

库区蓄水会因为流速减缓和水体交换滞后降低河流水质自净化能力。改善水质的方法如下：保护水源地，防止水污染；向水库深层增加氧气，用空压机向深层水体输送空气，破坏分层水温，改善缺氧状态，加速沉积物的氧化和分解；对成层型水库进行合理调度；加强水库水质的预测、预报工作，为改善水质提供科学依据。

二、社会环境保护措施

（一）对人群健康的保护

因水利工程导致生物性和非生物性病原体的分布、密度变化影响人群健康时，应采取必要的环保措施。

（1）工程影响地区人群健康以及疫情的抽检、卫生清理、疫源地治理以及病媒防治。

（2）对于介水传染病的防治，应采用水源管理保护措施。

（3）对于虫媒传染病的防治，应通过灭蚊、防蚊等措施，切断感染途径。

（4）对于地方病的防治，应加强实时监控，控制发病率。

（5）对于自然疫源性疾病防治，应控制传染源，切断传播途径，以保护易感人群，避免他们感染。

（6）对影响地区的疫源，如厕所、牲畜粪便、垃圾场等，应进行卫生清理。

（二）对风景名胜及文物古迹的保护

凡处于水利工程建设影响范围内的风景名胜及文物古迹，应区别情况进行保护。在工程施工前，需调拨专门经费，加强文物古迹调查，考古勘探，进行古文化遗址的发掘工作。

（1）对位于水库周围及工程建筑物附近的风景名胜，应配合相关管理部门做好风景名胜的规划，使工程建设与之协调。

（2）对位于水库淹没和工程占地范围内的风景名胜及有保存价值的文物古迹应视其与工程运行水位的关系，分别采取异地仿建、工程防护或录像留存等措施。

（3）对位于水库淹没和工程占地范围内的文物古迹，经过调查鉴定，有保存价值的，应采取搬迁、发掘、防护或复制等措施。

三、工程施工区环境保护措施

（一）水环境污染防治

水利工程施工期间，无论施工废水还是施工生活区的生活污水，都是暂时性的。随着工程的完成，其污染源也会消失。通常情况下，施工期的污水对水环境不会造成太大的影响。

办公区、生活区及施工区安装分水表，对现场人员进行节水教育。现场要加强对基坑降水产生的地下水和非传统水源的利用，用于施工期间除饮用水以外的消防、降尘、车辆冲洗、厕所冲洗、结构施工中的混凝土养护及二次装修中的建筑用水。

（二）空气污染防治

空气污染来源于工程施工开挖产生的粉尘与扬尘、水泥等建筑材料运输途中的泄露、生产混凝土产生的扬尘、燃烧造成的烟尘以及各种机械设备在运行中产生的污染物等。

水利工程空气污染的防治措施具体如下：

（1）加强施工作业车辆、船舶的清洗、维修和保养。采用新燃料或者对现有燃料进行改进，在发动机外安装废气净化装置，控制油料蒸发排放。在施工现场安置冲洗设备，及时对外出车辆进行清洗，确保泥沙不被带出。

（2）为使施工现场临时道路不泥泞、不扬尘，应采取覆盖、绿化、固化等有效措施。在施工场地临时道路上行驶的车辆应减速慢行，防止扬尘；在靠近生活区、办公区的临时道路上配备相应的洒水设备，及时洒水，减少扬尘污染；在运输易扬尘的物料时，应该保持良好的密封，并与持有消纳证的运输单位签订防止遗撒、扬尘的协议书；不得凌空抛洒建筑物内的施工垃圾，应采用封闭式容器吊运，妥善清除；施工现场的材料存放区、大模板存放区等场地必须平整夯实。

（3）无雨天时，在较密集区域的施工现场进行人工洒水降尘，调整工作区与生活区之间的卫生防护距离；工地上的搅拌机工作区域必须封闭，并安装防尘设备。混凝土浇筑采用预拌进场的方式对无机料和灰土进行拌和，必要时采取洒水降尘措施；在拆除临时建筑时，要随时洒水降尘，防止扬尘污染空气；建筑垃圾应在拆除施工完成之日起三日内清运完毕，妥善进行处理；工作区、生活区使用的燃料必须是清洁燃料；使用汽油或柴油的运输车辆和施工机械的尾气排放应达到环保要求。

（三）土地植被污染防治

施工车辆出场必须清洗，这对周围土地植被的污染能降到最低程度。施工废水不得直接排放，应进行沉淀处理，降低有害物质排放量，尽量减少污染。施工人员应进行必要的环境保护常识教育，避免施工人员对周边土地植被造成不可逆转的损毁。施工现场必须设置垃圾分拣站，并及时分拣回收，先利用后处理。

（四）噪声污染防治

水利工程施工区的主要噪声包括砂石料系统和混凝土搅拌系统所产生的噪声，大吨位汽车运输系统所产生的噪声，挖掘机、推土机、装载机以及大量的钻孔、焊接、振捣等工序所产生的噪声。

噪声污染的防治措施如下：实现爆破信息化施工；采用噪声低、振动小的施工方法以及机械设备；采用声学控制措施，如针对声源进行消声、隔振或减振措施，在传播途径上采取消声措施；缩短振动的时间，采取措施限制冲击式作业；对各种机械和车辆进行定期维护保养，减少因机械故障而产生的额外噪声；通过动力机械设计降低机械和车辆的动力噪声；通过改善轮胎的样式，降低轮胎与地面之间的摩擦噪声；在生活区夜间禁止鸣喇叭。

四、水土流失预防

水土流失预防是指通过法律、行政和经济手段进行管理、防止和减少水土流失的措施①。根据《中华人民共和国水土保持法》的规定，水土保持工作实行预防为主、保护优先、全面规划、综合治理、因地制宜、突出重点、科学管理、注重效益的方针。

水土流失预防是水土保持工作中的关键一环。在我国一些地区，新增水土流失面积与同期的水土保持治理面积基本持平，在这些地区进行水土流失预防，效果也会明显大于治理。

将水土流失预防工作落到实处需要做到以下几点：

（一）法治落实

从国家到地方都要健全和完善水土保持方面的法律法规和相应的管理条例，依法强化水土流失的预防工作。依法治理水土流失现象，严厉查处造成水土流失的案件。

（二）组织落实

地方各级水行政主管部门应加强组织管理，建立专门的执法机构，培养一支业务过硬、素质一流的水行政执法队伍。

（三）措施落实

建立、健全和完善水土流失预防监督和检测体系，扩大水土保持工作的覆盖范围，从严监管。认真执行水土保持方案的报批制度，强化对建设项目的管理、检查以及监督，从源头上杜绝水土流失现象的发生。

（四）思想落实

各级地方政府应树立预防为主的指导思想，强化水土流失预防意识，自觉保护我国的水土资源，实现水土资源的可持续利用。对于人为因素造成的水土流失，一定要控制在最低限度。

五、水土流失治理措施

现代水利工程建设中的水土保持工作既要从根本上改善流域水文环境，又要保证在短期内减少流域土壤侵蚀和入库泥沙量，实现水库流域生态系统的可持续发展。

---

① 刘建军.水利水电工程环境保护设计 [M].武汉：武汉大学出版社，2008:102.

我国在水土流失治理方面投入巨大，2017 年水土保持及生态工程在建投资规模 727.1 亿元，累计完成投资 422.1 亿元。全国新增水土流失综合治理面积 5.90 万平方千米，其中国家水土保持重点工程新增水土流失治理面积 0.79 万平方千米。此外，对 433 座黄土高原淤地坝进行了除险加固。

水利工程建设中的水土流失主要是来自护岸工程施工、清基、削坡产生的弃土、弃渣以及施工场地平整、道路修建、临时占地等方面。工程破坏原地貌会新增水土流失，主要集中在护岸工程区、施工附企业及管理区、施工道路、弃渣场、占地拆迁安置区等。

（一）造成水利工程工地水土流失的因素

造成水利工程工地水土流失的因素主要包括地表形态变化，地表植被破坏，地表组成物质改变，降雨、径流及地下水变化。这些因素改变了地表水土状况，破坏了地表植被，加重了水土流失。

（二）工区水土保持

按照《开发建设项目水土保持技术规范》（GB 50433—2008）的规定，工程建设水土流失防治责任范围包括项目建设区和直接影响区。项目建设区包括护岸工程区（包括护岸工程区和护脚工程区）、施工附企业及管理区、施工道路、弃渣场等，直接影响区包括临时码头施工区、道路影响区以及其他影响区。

水土保持工作应遵照《中华人民共和国水土保持法》，按照"预防为主、防治并重、因需制宜、因害设防、水土保持与生产建设安全相结合"的原则，开展水土保持工作。

具体要求如下：尽量减少施工中对周边植被的破坏；施工产生的弃土弃渣等建筑垃圾必须在规定的存放地堆放，同时采取拦挡措施，禁止随意倾倒；开挖面必须采取措施恢复表土层和植被，防止水土流失加剧，保证复原土地，恢复其使用价值。这类项目在开发建设前应制定水土保持方案，经相关水行政主管部门批准后实施，保障工区土工保持工作的顺利进行[①]。

（三）水利工程道路绿化

水利工程道路防护林包括水利工程建设所涉及的公路防护林和乡村道路防护林。在公路、乡村道路等道路两侧造林，可以防止道路及周围的水土流失。道路防护林的组成一般为一行或多行树木，配置形式多样，结构各异。

公路防护林可根据当地情况进行科学合理的安排，一般在道路两侧各栽一行或两行乔木、灌木。大型公路、高速公路两侧一般都设置有较宽阔的绿化带，与路边的防护林带一同组成道路防护林。在分上、下行车道的公路上，分车带一般用灌木、草皮进行绿化；在小型公路上，一般只设置单行防护林带；在乡镇道路和田间道路上，一般将树木栽在路肩下或沟外侧的地埂上。

（四）施工附企业及管理区水土保持

施工附企业及管理区由于施工人员活动频繁，机械进出较多，基本丧失了耕作能力。因此，根据全面防护的要求，在施工前，施工单位应将原有的地表有肥力土壤推至一旁堆放，完工后进行回填，恢复土壤原貌，同时结合堤防防浪林建设进行植被恢复。

（五）直接影响区水土保持

直接影响区主要是指局部工程影响段，包括施工临时道路两侧一定范围及施工区周围影响区域。其中，施工临时道路两侧主要考虑施工运输过程中弃渣的洒落、在弃渣场外围未征用的范围内运输过程中弃渣的洒落，对这些影响重点地段要做好施工期间的环境保护和水土保持管理，做到文明施工。

（六）库区滑坡防治

滑坡是一种对人们的生命和财产安全造成严重威胁的地质灾害，滑坡的产生是一个综合效应，受内因、外因的共同影响，其中内因包括地层、地貌和构造等地质环境

[①] 吕钊，王冬梅，徐志友，等.生产建设项目弃渣（土）场水土流失特征与防治措施 [J]. 中国水土保持科学，2013，11（3）：118-126.

要素；外因包括暴雨、地震、库水作用等可变自然因素和人为因素。

1.滑坡

（1）滑坡的定义

滑坡广义上是指斜坡上的部分岩（土）体脱离母体，以各种方式顺坡向下运动的现象；狭义上是指斜坡上的部分岩（土）体在重力作用下沿着一定的软弱面（带）产生剪切破坏，整体向下滑移的现象。

（2）滑坡的分类

国际上有关滑坡的分类方法有很多种，大多按照滑坡产生机制的不同进行分类。国际工程地质协会滑坡委员会根据斜坡的物质组成和运动方式，建议采用瓦勒斯的分类为标准分类。

从科学实用的角度出发，我国的工程地质工作者根据自身的实践，也提出了许多滑坡的分类方法。在水利工程勘察工作中，最常用的分类如表5-1所示。

表5-1　滑坡分类方法

分类因素	类　型
组成物质	基岩滑坡
	堆积层滑坡
	混合型滑坡
规模	小型滑坡
	中型滑坡
	大型滑坡
	特大型滑坡
滑移速度	高速滑坡
	中速滑坡
	慢速滑坡

分类因素	类　型
形成时代	新滑坡
	老滑坡
	古滑坡
破坏方式	牵引式
	推移式
稳定性	稳定
	基本稳定
	稳定性较差

（3）库区滑坡的危害

滑坡是常见的地质灾害之一，往往给人类的生命和财产造成重大损失。滑坡对水利工程建设危害极大。例如，意大利瓦伊昂滑坡不但使水库毁于一旦，而且由滑坡引起的涌浪翻过坝顶，导致下游约2 000人丧生。我国三峡库区千将坪曾发生过约2 400万立方米的特大型滑坡，造成14人死亡、10人失踪，直接经济损失超过8 000万元，1 300多人被迫搬迁避险。这些灾难事故不但造成了巨大的经济损失，而且造成了严重的人员伤亡和环境破坏。

2.库区滑坡治理措施

（1）排水工程

排水工程包括地表水排水工程和地下水排水工程。地表水排水工程既可以拦截斜坡病害地段以外的地表水，又可以防止斜坡病害地段内的地表水大量渗入。地下水是产生滑坡的主要原因之一，地下水位与滑坡的移动量之间具有高度的相关性，该特性也在许多实践中被证实。地下水排水工程排除和截断渗透水，包括暗渠工程、凿孔排水工程、隧洞排水工程、集水井工程、地下水截断工程（渗沟、明沟、暗沟、排水孔、排水洞、截水墙等）。

（2）打桩工程

防止滑坡工程之一的打桩工程就是将桩柱穿过滑坡体使其固定在滑床上的工程。打桩工程应用十分广泛，桩柱可选用木桩、钢桩、普通混凝土桩以及钢筋混凝土桩等。

（3）防沙坝工程

对于溪岸、山脚与山腹发生的滑坡，我们可以采取在滑坡地临近下游筑坝阻滑的措施，也就是在坝的上游堆沙，使其发挥推动堆土的作用，抑制在滑坡末端部分的崩溃或流动。防沙坝工程是有效的工程方法之一，但坝的位置原则上应设在不受滑坡影响的稳定场所，当不得不建筑在滑坡地内时，有必要采用安装钢制自由框等支挡措施。

根据坝的平面形状，防沙坝有直线坝、拱坝、混合坝之分；按建筑材料划分，防沙坝有混凝土坝、卵石混凝土坝、堆石坝、混凝土框坝、钢坝、木坝、石笼坝等。

（4）挡土墙工程

挡土墙可防止崩塌、小规模滑坡及大规模滑坡前缘的再次滑动，其构造有重力式、半重力式、倒T形或L形、扶壁式、支垛式、棚架扶壁式和框架式等。在滑坡地区，地盘的变动巨大，并且涌水多，所以一般使用即使稍有变形也保持有良好的排水机能的框架工程。框架工程使用木材、混凝土、角材等制作框架，在其中装入粗石，可起到挡土墙作用。按照《建筑边坡工程技术规范》（GB 50330—2002）的规定，一般对岩质边坡和挖方形成的土质边坡宜采用仰斜式挡土墙，高度较大的土质边坡也宜采用仰斜式挡土墙。

（七）库区水土保持

在库区流域开展的水土流失预防和治理，目的是保证水库设计寿命，防止水库泥沙淤积，改善和调节水库来水的季节动态和入库水质，提高水库电站的水能利用效率。库区水土保持应根据水库的利用功能，开展有针对性的水土流失综合治理。在饮用水源地库区进行的水土保持，要十分注意水质的保护；对以灌溉和防洪为主要功能的水库以及以防洪与发电为主要功能的水库，防止水库泥沙淤积是水土流失治理的重要目标。库岸周边由于受到水库水位变化的影响，有可能导致库岸土体失稳、坍塌，土石体堆积在库区。

1. 库区水土保持的主要措施

（1）库区流域水土保持林草措施主要是营建水源保护林体系。在对水源保护区生态经济分区、水源保护林分类和水源保护林环境容量进行分析的基础上，根据流域地质、地貌、土壤、气候条件配置高效稳定的水源保护林体系，充分发挥森林植被的水文调节、侵蚀控制和水质改善功能。

（2）库区流域水土保持农业技术措施包括等高耕作、免耕法、间作套种等，辅以合理施肥和采用生物农药等管理措施，减少养分流失及有机农药污染，保护水质。此外，建立植物过滤带来吸收、净化地表径流中的氮、磷及有机农药污染，可以起到良好的水质净化作用。植物过滤带带宽一般为 8 ~ 15 米，植物种类随不同地理气候和当地条件而异。

（3）库区流域水土保持工程措施包括坡面治理工程、沟道治理工程以及库岸防护工程等。坡面治理通过改造坡耕地、改变小地形的方法防止坡地水土流失，使降雨或融雪径流就地入渗，同时将未能拦截的径流引入小型蓄水贮水工程。沟道治理（如沟头防护工程、拦沙坝、谷坊、淤地坝以及沟道护岸工程等）可以防止沟头前进、沟岸扩张、沟床下切，减缓沟床纵坡，并将山洪或泥石流的固体物质分段沉降，避免进入水库。库岸防护工程包括护岸与护基（或护脚）两种。

2. 植被措施

库区库岸防护林由靠近水边的防浪林、防浪林上侧的防风林和最外侧的防蚀林三部分组成。

3. 护岸工程措施

护岸工程采取修建基脚、枯水平台、埋设倒滤沟、浆砌石排水沟、浆砌石截流沟、砌石（混凝土预制块）护坡等措施。

第六章 现代水利工程治理的技术方法

为实现对水利的综合治理，我国共颁布了《中华人民共和国防洪法》《中华人民共和国水法》《中华人民共和国河道管理条例》《中华人民共和国防汛条例》《防洪标准》《混凝土坝安全监测技术规范》《土石坝安全监测技术规范》《水库大坝安全鉴定办法》《水闸安全鉴定规定》《水库大坝注册登记办法》以及《水利建设项目经济评价规范》等几十部法律法规和技术标准，依法治水的法律体系初步完善。这些法律法规和技术标准的相继出台，也对现代水利工程治理技术提出了更高的要求。

第一节 水利工程治理技术概述

一、以现代化理念为引领

加快水利管理现代化步伐是适应由传统型水利向现代化水利及可持续发展水利转变的重要环节。在现代化理念的引领下，水利工程管理技术不断创新发展。工程管理技术的应用将会加强水利工程管理信息化建设工作，工程的监测手段会更加完善和先进，工程管理技术将基本实现自动化、信息化、高效化，水利工程治理将逐步走上规范化、科学化及现代化的轨道。

二、以现代知识为支撑

现代水利工程管理的技术手段必须以现代知识为支撑。随着现代科学技术的发展，现代水利工程管理的技术手段得到长足发展。其主要表现在工程安全监测、评估与维护技术手段得到加强和完善；建立、开发相应的工程安全监测、评估软件系统，并对各监测资料建立统计模型和灰色系统预测模型，对工程安全状态进行实时的监测和预警；实现工程维修养护的智能化处理，为工程维护决策提供信息支持，提高工程维护决策水平，实现资源的最优化配置。水利工程维修养护实用技术被进一步广泛应用，如工程隐患探测技术、维修养护机械设备的引进开发和除险加固新材料与新技术的运用，将使工程管理的科技含量逐步增加。

三、以经验提升为依托

我国有着几千年的水利工程管理历史，我们应该充分借鉴古人的智慧和经验，对传统水利工程管理技术进行继承和发扬。新中国成立后，在相当长的一段时间内，我国的水利工程管理主要通过人工观测和操作进行调度运用。近年来，随着科技的飞跃式发展，水利工程管理逐步实现现代化。为符合水利工程管理现代化的需求，我们要对传统工程管理工作中所积累的经验进行提炼，并结合现代先进科学技术，形成一个技术先进和性能稳定、实用的现代化管理平台，这将成为现代水利工程管理的基本发展方向。

第二节　水利工程养护与修理技术

水利工程的养护与修理出现问题，往往会造成水利工程不能发挥出功效，无法保障人民群众安居乐业，更会威胁下游地区的安全。水利工程主体单位应制订科学有效的工作计划，积极应对水利工程使用中的养护与修理问题，将工作真正落到实处，从根本上保障水利工程的安全运行。

一、工程养护技术

（一）坝顶、坝端的养护

（1）坝顶的养护应做到保持坝顶的整洁、干净、卫生，及时清理废弃物、杂草等；坝肩、踏步的轮廓清晰可辨；防浪墙要稳固，不能有损坏；坝端要平整，没有裂缝，一般情况下不得在坝端堆积杂物。

（2）当坝顶出现坑洼和雨淋沟缺时，要采用相同材料及时进行填补，同时保持适当的排水坡度；及时修补坝顶路面损坏部分；及时清理坝顶的杂草、废弃物，保持卫生。

（3）及时填补坝端上的裂缝、坑凹，清理无关的堆积物。

（4）及时修补防浪墙、坝肩和踏步的破损部分。

（二）坝坡、坝区的养护

坝坡、坝区养护是指对坝顶和上、下游坝坡面的养护，针对跌窝、浪坎、雨淋沟、冰冻隆起、动物洞穴等损坏部分的修补，防止坝体表面持续性受损。

1.破坏原因

坝坡、坝区的破坏通常是由于受到风浪冲击、块石撞击和冰冻、强烈震动与爆破等的外力作用，也有可能护坡本身结构设计不合理、施工质量差、选取的材质低劣或运用管理不当，以及牲畜践踏、草木丛生等因素造成的。

2.养护措施

坝坡、坝区的破坏一般是逐渐加剧的，平时勤于检查和养护，可以防止自然和人为的破坏。要经常维持护坡平整完好无损；发现个别石块松动或小损坏要随时楔牢修补；有小的局部隆起和凹陷要及时平整补齐；护坡的排水沟、排水孔要经常疏通；混凝土护坡的伸缩缝如有破坏要立即修好；寒冷地区在春季化冻后要检查护坡，发现有损坏要及时修补。为了预防寒冷地区护坡遭受冰冻、冰压力的破坏，可采用不冻槽等措施，避免护坡与冰盖层直接接触而破坏。

3.养护要求

坝坡、坝区养护应做到保持坡面平整，无杂草，无雨淋沟；护坡砌块填料密实，砌缝紧致，无松动、风化、架空、塌陷、冻结、脱落等现象。

（三）排水设施养护

（1）保持排水的畅通，无阻塞；确保排水和导渗设施完好无损，无断裂、失效等异常现象。

（2）做好排水沟（管）的清淤工作，及时清理杂物、淤泥、碎冰碴等垃圾，防止堵塞现象的发生。

（3）当排水沟（管）松动时，要及时检查；当出现损坏、开裂等问题时，要使用水泥砂浆进行修补处理。

（4）巡查滤水坝趾、导渗设施周边设置的截水沟，发现问题及时修补，防止截水沟失效导致泥石淤塞导渗设施，影响正常的排水功能。

（5）排水沟（管）的基础如被冲刷破坏，应先恢复基础，后修复排水沟（管）；修复时，应使用与基础同样的土料，恢复至原断面，并夯实。

（6）当减压井附近的积水流入井中时，应尽快将积水抽干，整理坑洼；经常清理疏浚减压井，保证减压井排水的畅通。

（四）输、泄水建筑物的养护

（1）输、泄水建筑物表面应保持清洁完好，要经常，清理淤积的泥块、沙石、杂物等，及时排除积水。

（2）当建筑物墙后填土区发生塌坑、沉陷时，应尽快填补加固；建筑物各处排水孔、进水孔、通气孔等均应保持畅通；及时清理墙内的淤积物。

（3）及时修补钢筋混凝土构件表面的起皮及涂料老化、脱落等问题，对裸露部分进行重新封闭。

（4）当护坡、侧墙、消能设施出现松动、塌陷、隆起、淘空等异常现象时，应及时复原，保证设施的功能不受影响。

（5）当钢闸门出现氧化锈蚀、涂料老化时，应及时修补；闸门滚轮等运转部位应及时加油，保持通畅；保持闸门外观清洁，及时清扫缝隙处的杂物，防止杂物损坏设备。

（6）启闭机的养护要求：

①启闭机表面、外罩应保持清洁，不能有损坏。

②启闭机底脚连接应牢固稳定；启闭机连接件应保持密实，不能有松动；机架变形、损伤或有裂缝时，应及时修理。

③保持注油设施系统完好，油路畅通，定期过滤或更换，保持油质合格。减速箱、液压油缸内油位在上、下限之间浮动，无漏油现象。

④保持维护制动装置常态化，适时调整，保证其正常运转。

⑤应经常清洗螺杆、钢丝绳，视情况安装防尘设施；启闭螺杆异常弯曲时应及时校正。

⑥定期检测闸门开度指示器运转情况，保证其指示正确，正常工作。

（7）机电设备的养护要求：

①电动机的外壳应保持无尘、无污渍、无锈蚀；轴承内润滑脂油质合格；接线盒应防潮，压线螺栓紧固。

②按照相关规定对各种仪表进行定期或不定期的检测，保证指示正确、灵敏；电动机绕组的绝缘电阻应定期检测，当小于 0.5 兆欧时，应检测防潮情况，对器件进行干燥处理。

③输电线路、备用发电机组等输变电设施按有关规定定期养护。

④所有电气设备外壳均应可靠接地，并定期检测接地电阻值；操作系统的动力柜、照明柜、操作箱、各种开关、继电保护装置、检修电源箱等应定期清洁、保持干净。

（8）防雷设施的养护要求：

①当避雷装置出现大规模锈蚀时，应予更换。

②导电部件的焊接点或螺栓接头如脱焊、松动应予补焊或旋紧。

③接地装置的接地电阻值应不大于 10 欧，维持在规定值范围内；超过规定值时，应增设接地极。

④按有关规定定期检测防雷装置的工作状态。

⑤防雷设施的构架上不得架设其他电路。

（五）观测设施养护

保持观测设施的整洁，做到无损坏、无变形、无堵塞；观测设施如有损坏，应立即展开修复工作，修复后重新校正；观测设施的保护装置标志应放在显著位置上，随时清除观测障碍物；测压管口应随时加盖上锁；及时清理量水堰板上的附着物和堰槽内的淤泥或堵塞物。

（六）自动监控设施的养护

（1）自动监控设施的养护要求：

①定期对监控系统进行维护，并及时清洁除尘。

②定期检测传感器、接收及输出信号设备，保证设备的精度。及时检修、校正、更换那些不符合标准的配件。

③定期检测保护设备，保证设备的灵敏度。

（2）自动监控系统软件的养护要求：

①严格执行计算机控制操作规程。

②加强对计算机和网络的安全防护，配备防火墙，保证信息安全。

③定期对技术文档进行妥善保管，并对系统软件和数据库重要部分进行备份。

④不得在监控系统上下载未经无病毒确认的软件；修改或设置软件前后，应提前备份并记录。

（3）及时排除自动监控系统发生的故障，详细记录故障原因。

（4）按照规定对自动监控系统及防雷设施进行日常养护。

二、工程修理技术

（一）土石坝的修理

1.分类

土石坝的修理分为岁修、大修和抢修三类。岁修是指在大坝运行中每年进行必要的修理和局部改善；大修是指发生较大损坏、修复工作量大、技术较复杂的工程问题，或经过临时抢修未做永久性处理的工程险情、工程量大的整修工程；抢修是指当突发危及工程安全的险情时立刻组织的修理。

2. 修理工程报批程序

（1）岁修工程项目应由管理单位提出岁修计划，经过主管部门审批后，管理部门根据批准的计划安排岁修。

（2）大修工程项目应由管理单位出具大修工程的可行性报告，经过上级主管部门审批后立项，管理单位根据批准的工程项目组织设计和施工。大修工程项目的设计工作由具有相应等级资质的设计单位完成。

3. 施工管理

（1）岁修工程的施工管理。岁修工程的施工任务由具有相应技术力量的施工单位承担；水库管理单位也可自行承担，但必须满足相应的技术资质，同时明确工程项目责任人，严格执行质量标准，建立质量保证体系，确保工程质量①。

（2）大修工程的施工管理。大修工程按照招标、投标制度以及监理制度规范施工，必须由具有相应施工资质的施工单位承担。

（3）影响安全度汛的施工，要在汛期前完成所有工序，保证防汛工作不受影响；汛期前不能完成施工的，必须采取必要的安全度汛措施，防止事故的发生。

4. 竣工验收

工程竣工后，必须严格按照《水利水电建设工程验收规程》（SL 223—2008），由审批部门组织验收，验收合格才可交工；一般由经验丰富的工程师和技术员负责具体验收工作；验收时有关单位应按规定提供验收材料。一般来说，岁修工程可以视具体情况，适当简化手续。

5. 注意事项

工程修理应积极推广应用新技术、新材料、新设备、新工艺。管理单位不得随意

---

① 袁敏，邹冠闻.水利工程岁修项目安全管理问题与对策 [J].水利规划与设计,2015(6):74-75.

变更批准下达的修理计划。如需调整，应向原审批部门报批，申请变更计划。

（二）护坡的修理

1. 砌石护坡的修理

砌石护坡分为干砌石护坡和浆砌石护坡（图6-1）两类，修理时需要区别处理。

图6-1　浆砌石护坡

（1）修理方法

根据护坡损坏的程度，选择不同的修理方法。

当护坡出现局部松动、隆起、塌陷、垫层流失等现象时，可采用填补翻筑；出现局部破坏淘空，导致上部护坡滑动坍塌时，可增设阻滑齿墙。对于护坡石块较小，不能抗御风浪冲刷的干砌石护坡，可采用细石混凝土灌缝和浆砌或混凝土框格结构；对于厚度不足、强度不够的干砌石护坡或浆砌石护坡，可在原砌体上部浇筑混凝土盖面，增强抗冲能力。沿海台风地区和北方严寒冰冻地区，为抗御大风浪和冰层压力，修理时应按设计要求的块石粒径和重量的石料竖砌，如无尺寸合适的石料，可采用细石混凝土填缝或框格结构加固。

（2）材料要求

①护坡石料应选用石质良好、质地坚硬、不易风化的新鲜石料，不得选用页岩作为护坡块石；石料几何尺寸应根据大坝所在地区的风浪大小和冰冻程度确定。

②垫层材料应选用具有良好的抗水性、抗冻性、耐风化和不易被水溶解的砂砾

石、卵石或碎石，粒径和级配应根据坝壳土料性质而定。

③浆砌材料中的水泥标号不得低于 325 号；砂料应选用质地坚硬、清洁、级配良好的天然砂或人工砂；天然砂中含泥量要小于 5%，人工砂中石粉含量要低于12%。

（3）坡面处理要求

①当清除需要翻修部位的块石和垫层时，应保护好未损坏的部分砌体。

②修整坡面，要求无坑凹，坡面密实平顺；如有坑凹，应用与坝体相同的材料回填夯实，并与原坝体结合紧密、平顺。

③严寒冰冻地区应在坝坡土体与砌石垫层之间增设一层用非冻胀材料铺设的防冻保护层；防冻保护层厚度应大于当地冻层深度。

④西北黄土地区粉质壤土坝体，回填坡面坑凹时，必须选用重黏性土料回填。

（4）垫层铺设规定

①垫层厚度必须根据反滤层的原则设计，一般厚度为 0.15 ~ 0.25 米；严寒冰冻地区的垫层厚度应大于冻层的深度。

②根据坝坡土料的粒径和性质，按照碾压式土石坝设计规范设计垫层的层数以及各层的粒径，由小到大逐层均匀铺设。

（5）铺砌石料要求

①砌石材质应坚实新鲜，无风化剥落层或裂纹，水泥材料符合相关技术条款规定。砌石应以原坡面为基准，在纵、横方向挂线控制，自下而上，错缝竖砌，紧靠密实，塞垫稳固，大块封边。

②砌体表面应保持平整、美观，嵌缝饱满。灰缝厚度为 20 ~ 30 毫米。勾缝砂浆单独搅拌，灰砂比在 1∶1 ~ 1∶2 之间；勾缝前将槽缝冲洗干净，清缝应在料石砌筑 24 小时后进行；勾缝完成后用浸湿物覆盖 21 天，加强养护，确保质量。

③浆砌块石采用铺浆法砌筑，先座浆，后砌石，砂浆稠度为 30 ~ 50 毫米。在水泥砂浆标号选用上，无冰冻地区不低于 50 号，冰冻地区根据抗冻要求选择，一般

不低于 80 号；砌缝内砂浆应饱满，缝口应用比砌体砂浆高一等级的砂浆勾平缝；修补的砌体，必须洒水养护。

（6）采用浆砌框格或增建阻滑齿墙的规定

①浆砌框格护坡一般应做成菱形或正方形，框格用浆砌石或混凝土浇筑，其宽度一般不小于 0.5 米，深度不小于 0.6 米，冰冻地区按防冻要求加深，框格中间砌较大石块，框格间距视风浪大小确定，一般不小于 4 米，并每隔 3～4 个框格设置变形缝，缝宽 1.5～2.0 厘米。

②阻滑齿墙应沿坝坡每隔 3～5 米设置一道，平行坝轴线嵌入坝体；齿墙尺寸一般宽为 0.5 米，深度为 1 米（含垫层厚度）；沿齿墙长度方向每隔 3～5 米留有排水孔。

（7）细石混凝土灌缝以下要求

灌缝前，应清除块石缝隙内的泥沙、杂物，并用水冲洗干净；灌缝时，缝隙内要灌满捣实，缝口抹平。每隔适当距离，留有一狭长缝口不进行灌注，作为排水出口。

（8）混凝土盖面方法修理要求

护坡表面及缝隙应洗刷干净；混凝土盖面厚度根据风浪大小确定，一般厚度为 5～7 厘米；在混凝土标号选用上，无冰冻地区不低于 100 号，严寒冰冻地区根据抗冻要求，一般不低于 150 号；盖面混凝土应自下而上浇筑，仔细捣实，每隔 3～5 米分缝；如原护坡垫层遭到破坏，应补做垫层，修复护坡，再加盖混凝土。

2. 混凝土护坡的修理

（1）修理方法：混凝土护坡包括现浇混凝土护坡和预制混凝土块护坡。根据护坡损坏情况，可采用局部填补、翻修加厚、增设阻滑齿墙和更换预制块等方法进行修理。

（2）当护坡发生局部断裂破碎时，可采用现浇混凝土局部填补，填补修理时应满足以下要求：在凿除破损部分时，应保护好完好的部分，严格按设计要求处理好伸缩缝和排水孔。在新旧混凝土接合处，应进行凿毛处理，清洗干净。新填补的混凝土标号应不低于原护坡混凝土的标号。严格按照混凝土施工规范制造混凝土，接合处先铺设 1～2 厘米厚的砂浆，再填筑混凝土；填补面积大的混凝土应自下而上浇筑，仔细捣实。新浇筑混凝土表面应收浆抹平，洒水养护。垫层遭受淘刷以致护坡损坏的，修补前应按照设计要求将垫层修补好，严寒冰冻地区垫层下还应增设防冻保护层。

（3）当护坡破碎面积较大、混凝土厚度不足、抗风浪能力较差时，可采用翻修加厚混凝土护坡的方法，但应符合以下规定：按满足承受风浪和冰层压力的要求重新设计，确定护坡尺寸和厚度；原混凝土板面应进行凿毛处理，并清洗干净，先铺设一层 1～2 厘米厚的水泥砂浆，再浇筑混凝土盖面；严格按设计要求处理好伸缩缝和排水孔。

（4）当护坡出现滑移现象或基础淘空、上部混凝土板坍塌下滑时，可采用增设阻滑齿墙的方法修理，但应符合以下规定：阻滑齿墙应平行坝轴线布置，并嵌入坝体；齿墙尺寸参照砌石护坡修理相同标准执行。对于严寒冰冻地区，应在齿墙底部及两侧增设防冻保护层。齿墙两侧应按照原坡面平整夯实，铺设垫层后，重新浇筑混凝土护坡板，同时处理好与原护坡板的接缝。

（5）更换预制混凝土板时，应满足以下要求：在拆除破损部分预制板时，应保护好完好的部分；垫层应按符合防止淘刷的要求铺设；更换的预制混凝土板必须铺设平稳、接缝紧密。

3. 草皮护坡的修理

（1）当护坡的草皮遭到雨水冲刷流失和干旱枯死时，可采用填补、更换的方法进行修理；修理时，应按照准备草皮、整理坝坡、铺植草皮和洒水养护的流程进行施工（图 6-2）。

（2）添补更换草皮时，应满足以下要求：

①添补的草皮应就近选用，草皮种类应选择低茎蔓延的盘根草，不得选用茎高叶疏的草。补植草皮时，应带土成块移植，移植时间以春、秋两季为

图 6-2　草皮护坡

宜。移植时，应定期洒水，确保成活。坝坡若是沙土，则先在坡面铺设一层土壤，再铺植草皮。

②当护坡的草皮中有大量的茅草、艾蒿、霸王苑等高茎杂草或灌木时，可采用人工挖除或化学药剂除杂草的方法（可喷洒草甘膦或其他化学除草药剂）；使用化学药剂时，切不可污染库区水质。

（三）混凝土面板坝的修理

1.修理方法

根据面板裂缝和损坏情况，可分别采用表面涂抹、表面粘补、凿槽嵌补等方法进行修理。

（1）当面板出现局部裂缝或破损时，可采用水泥砂浆、环氧砂浆、H52系列特种涂料等防渗堵漏材料进行表面涂抹。

（2）当面板出现的裂缝较宽或伸缩缝止水带遭到破坏时，可采用表面粘补或者凿槽嵌补方法进行修理。

2.表面涂抹技术要求

（1）采用水泥砂浆进行表面涂抹修理裂缝时，应满足以下要求：

①一般情况下，应将裂缝凿成深2厘米、宽20厘米的毛面，清洗干净并洒水保持湿润。

②处理时，应先用纯水泥浆涂刷一层底浆，再涂抹水泥砂浆，最后压实、抹光。

③涂抹后，应及时进行洒水养护，并防止阳光暴晒或冬季冰冻。

④所用水泥标号不低于325号，水泥砂浆配比可采用1：1～1：2。

（2）采用环氧砂浆进行表面涂抹修理裂缝时，应满足以下要求：

①沿着裂缝凿槽，一般槽深1.0～2.0厘米，槽宽5～10厘米，槽面应尽量平整，并清洗干净，要求无粉尘，无软弱带，坚固密实，待干燥后用丙酮擦一遍。

②涂抹环氧砂浆前，先在槽面用毛刷涂刷一层环氧基液薄膜，要求涂刷均匀，无浆液流淌堆积现象；已经涂刷基液的部位，应注意保护，严防灰尘、杂物落入；待基

液中的气泡消除后，再涂抹环氧砂浆，间隔时间一般为 30 ～ 60 分钟。

③涂抹环氧砂浆，应分层均匀铺摊，每层厚度一般为 0.5 ～ 1.0 厘米，反复用力压抹使其表面翻出浆液，如有气泡必须刺破压实；表面用烧热（不要发红）的铁抹压实抹光，应与原混凝土面齐平，结合紧密。

④环氧砂浆涂抹完后，应在表面覆盖塑料布及模板，再用重物加压，使环氧砂浆与混凝土结合完好，并应注意养护，控制温度，一般养护温度以 20±5 摄氏度为宜避免阳光直射。

⑤环氧砂浆涂抹施工应在气温 15 ～ 40 摄氏度的条件下进行。环氧砂浆应根据修理对象和条件按照设计要求配制。环氧砂浆每次配制的数量应根据施工能力确定，做到随用随配。

⑥施工现场必须通风良好：施工人员必须戴口罩和橡皮手套作业，严禁皮肤直接接触化学材料；使用工具以及残液残渣不得随便抛弃，防止污染水质和发生中毒事故。

（3）采用 H52 系列防渗堵漏涂料处理面板裂缝时，应满足以下要求：

①混凝土表面处理。应清除疏松物、污垢，沿着裂缝凿成深 0.5 厘米、口宽 0.5 厘米的"V"形槽，对裂缝周围 0.2 米范围内的混凝土表面进行轻微粗糙化处理。

②涂料配制。将甲、乙两组原料混合，并搅拌均匀，若发现颗粒和漆皮，要用 80 ～ 120 目的铜丝网或者不锈钢丝网进行过滤。

③涂料涂抹。用毛刷将配制好的涂料直接分次分层均匀涂刷于裂缝混凝土表面，每次间隔 1 ～ 3 小时。

④涂料配制数量。应根据施工能力，用量按每次配料 1 小时内用完的原则配制。

⑤涂抹后的养护。在涂料未实干前，应避免受到雨水或其他液体冲洗和人为损坏。

⑥涂料应存放于温度较低、通风干燥之处，远离火源，避免阳光直射；涂料配制地点和施工现场应通风良好；施工人员操作时，应戴口罩和橡皮手套。

3. 表面粘补技术要求

（1）表面粘补材料

应根据具体情况和工艺水平，选用橡皮、玻璃布等止水材料以及相应的胶粘剂进行表面粘补。

（2）采用橡皮进行表面粘补的要求

①粘贴前应进行凿槽

一般槽宽14～16厘米，槽深2厘米，长度超过损坏部位两端各15厘米，并清洗干净，保持干燥。

②基面找平

在干燥后的槽面内，先涂刷一层环氧基液，再用膨胀水泥砂浆找平，待表面凝固后，洒水养护3天。

③粘贴前橡皮的处理

按需要尺寸准备好橡皮，先放入比重为1.84的浓硫酸溶液中浸泡5～10分钟，再用水冲洗干净，待晾干后才能粘贴。

④粘贴橡皮

先在膨胀水泥砂浆表面涂刷一层环氧基液，再沿伸缩缝走向放一条高度与宽度均为5毫米的木板条，其长度与损坏长度一致；再按板条高度铺填一层环氧砂浆，将橡皮粘贴面涂刷一层环氧基液，从伸缩缝处理部位的一段开始将橡皮铺贴在刚铺填好的环氧砂浆上，铺贴时要用力压实，直到将环氧砂浆从橡皮边缘挤出。

⑤加重压力

在粘贴好的橡皮表面盖上塑料布，再堆沙加重加压，增强粘补效果。

⑥护面

待粘贴的环氧砂浆固化后，撤除加压物料，沿着橡皮表面再涂抹一层环氧基液，上面再铺填一层环氧砂浆，并用铁抹压实抹光，表面与原混凝土面齐平。

（3）采用玻璃布进行表面粘补的要求

①粘补前，应对玻璃布进行除油蜡处理。可将玻璃布放入碱水中煮沸0.5～1小时，用清水漂净，然后晾干待用。

②先将混凝土表面凿毛，冲洗干净。凿毛面宽40厘米，长度应超过裂缝两端各20厘米；凿毛面干燥后，用环氧砂浆抹平。

③玻璃布粘贴层数视具体情况而定，一般 2 ～ 3 层即可。事先按照需要的尺寸将玻璃布裁剪好，第一层宽 30 厘米，长度按裂缝实际长度加两端压盖长各 15 厘米，第二、三层每层长度递增 4 厘米，以便压边。

④玻璃布的粘贴，应先在粘贴面均匀刷一层环氧基液，然后将玻璃布展开拉直，放置于混凝土面上，用刷子抹平玻璃布使其贴紧，并使环氧基液浸透玻璃布，接着在玻璃布上刷环氧基液，按同样方法粘贴第二、三层。

4.凿槽嵌补技术要求

（1）嵌补材料：根据裂缝和伸缩缝的具体情况，可选用 PV 密封膏、聚氯乙烯胶泥、沥青油膏等材料。

（2）凿槽处理：嵌补前应沿着混凝土裂缝或伸缩缝凿槽，槽的形状和尺寸根据裂缝位置和所选用的嵌补材料而定；槽内应冲洗干净，再用高标号水泥砂浆抹平，干燥后进行嵌补。

（3）采用 PV 密封膏嵌补时，应满足以下要求：混凝土表面必须干燥、平整、密实、干净。嵌填密封膏前，先用毛刷薄薄涂刷一层 PV 粘结剂，在粘结剂基本固化（时间一般不超过 1 天）后，即可嵌填密封膏。密封膏分为 A、B 两组，各组先搅拌均匀，按照需要的数量分别称量，导入容器中搅拌，搅拌时速度不宜太快，并要按同一方向旋转。搅拌均匀后（约 2 ～ 5 分钟），即可嵌填。嵌填时，应将密封膏从下至上挤压入缝内；待密封膏固化后，再于密封膏表面涂刷一层面层保护胶。

（四）坝体裂缝的修理

1.坝体出现裂缝时的修理原则

（1）对表面干缩、冰冻裂缝以及深度小于 1 米的裂缝，可只进行缝口封闭处理。

（2）对深度不大于 3 米的沉陷裂缝，待裂缝发展稳定后，可采用开挖回填的方法修理。

（3）对非滑动性质的深层裂缝，可采用充填式粘土灌浆或采用上部开挖回填与下部灌浆相结合的方法进行处理。

（4）对土体与建筑物之间的接触缝，可采用灌浆处理。

2.采用开挖回填方法处理裂缝时的要求

（1）裂缝的开挖长度应超过裂缝两端 1 米，深度超过裂缝尽头 0.5 米；开挖坑槽底部的宽度至少 0.5 米，边坡应满足稳定要求，且通常开挖成台阶型，保证新旧填土紧密结合。

（2）坑槽开挖应做好安全防护工作；防止坑槽进水、土壤干裂或冻裂；挖出的土料要远离坑口堆放。

（3）回填的土料应符合坝体土料的设计要求；对沉陷裂缝应选择塑性较大的土料，并控制含水量大于最优含水量的 1% ~ 2%。

（4）回填时应分层夯实，特别注意坑槽边角处的夯实质量，要求压实厚度为填土厚度的 2/3。

（5）对贯穿坝体的横向裂缝，应沿裂缝方向每隔 5 米挖"十"字形结合槽一个，开挖的宽度、深度与裂缝开挖的要求一致。

3.采用充填式粘土灌浆处理裂缝时要求

（1）根据隐患探测和坝体土质钻探资料分析成果做好灌浆设计。

（2）布孔时，应在较长裂缝两端、转弯处及缝宽突变处布孔；灌浆孔与导渗、观测设施的距离不少于 3 米；灌浆孔深度应超过隐患 1 ~ 2 米。

（3）造孔应采用干钻等方式按序进行；造孔应保证铅直，偏斜度不大于孔深的 2%。

（4）配制浆液的土料应选择具有失水性快、体积收缩小的中等粘性土料。一般粘粒含量在 20% ~ 45% 为宜；在保持浆液对裂缝具有足够的充填能力条件下，浆液稠度越大越好，泥浆的比重一般控制在 1.45 ~ 1.7 之间；为使大小缝隙都能充填密实，可在浆液中掺入干料重的 1% ~ 3% 的硅酸钠溶液（水玻璃）或采用先稀后浓的浆液；浸润线以下可在浆液中掺入干料重的 10% ~ 30% 的水泥，以便加速凝固。浆液各项技术指标应按照设计要求控制。灌浆过程中，浆液容重和灌浆量每小时测定一次并记录。

（5）灌浆压力应在保证坝体的安全前提下，通过试验确定，一般灌浆管上端孔口压力采用 0.05 ～ 0.3 兆帕左右；施灌时应逐步由小到大，不得突然增加；灌浆过程中，应维持压力稳定，波动范围不超过 5%。

（6）施灌时，应采用"由外到里、分序灌浆"和"由稀到稠、少灌多复"的方式进行，在设计压力下，灌浆孔段经连续 3 次复灌不再吸浆时，灌浆即可结束。

（7）封孔应在浆液初凝后（一般为 12 小时）进行。封孔时，先扫孔到底，分层填入直径 2 ～ 3 厘米的干粘土泥球，每层厚度一般为 0.5 ～ 1.0 米，或灌注最优含水量的制浆土料，填灌后均应捣实，也可向孔内灌注浓泥浆。

（8）裂缝灌浆处理后，应按照《土坝坝体灌浆技术规范》（SD 266-88）的要求，进行灌浆质量检查。

（9）雨季及库水位较高时，不宜进行灌浆。

（五）坝体渗漏修理

（1）处理方法：坝体渗漏修理应遵循"上截下排"的原则。上游截渗通常采用抽槽回填、铺设土工膜、冲抓套井回填和坝体劈裂灌浆等方法，有条件的地方也可采用混凝土防渗墙和倒挂井混凝土圈墙等方法；下游导渗排水可采用导渗沟、反滤层导渗等方法。

1. 采用抽槽回填截渗处理渗漏时的要求

（1）适用于渗漏部位明确且高程较高的均质坝和斜墙坝。

（2）库水位应降至渗漏通道高程 1 米以下。

（3）抽槽范围应超过渗漏通道高程以下 1 米和渗漏通道两侧各 2 米，槽底宽度不小于 0.5 米，边坡应满足稳定及新旧填土结合的要求，必要时应加支撑，确保施工安全。

（4）回填土料应与坝体土料一致；回填土应分层夯实，每层厚度 10 ～ 15 厘米，压实厚度为填土厚度的 2/3；回填土夯实后的干容重不低于原坝体设计值。

2. 采用土工膜截渗时的要求

（1）土工膜厚度应根据承受水压大小确定。承受 30 米以下水头的，可选用非加筋聚合物土工膜，铺膜总厚度 0.3 ～ 0.6 毫米。

（2）土工膜铺设范围应超过渗漏范围四周各 2 ～ 5 米。

（3）土工膜的连接一般采用焊接，热合宽度不小于 0.1 米；采用胶合剂粘接时，粘接宽度不小于 0.15 米；粘接可用胶合剂或双面胶布，粘接处应均匀、牢固、可靠。

（4）铺设前应先拆除护坡，挖除表层土 30 ～ 50 厘米，清除树根杂草，坡面修整平顺、密实，再沿坝坡每隔 5 ～ 10 米挖一道防滑槽，槽深 1.0 米，底宽 0.5 米。

（5）土工膜铺设时应沿坝坡自下而上纵向铺放，周边用"V"形槽埋固好；铺膜时不能拉得太紧，以免受压破坏；施工人员不允许穿带钉鞋进入现场。

（6）回填保护层可采用沙壤土或沙，施工要与土工膜铺设同步进行，厚度不小于 0.5 米；在施工顺序上，应先回填防滑槽，再填坡面，边回填边压实；保护层上面再按设计恢复原有护坡。

3. 采用劈裂灌浆截渗时的要求

（1）根据隐患探测和坝体土质钻探资料分析成果做好灌浆设计。

（2）灌浆后形成的防渗泥墙厚度一般为 5 ～ 20 厘米。

（3）灌浆孔一般沿坝轴线（或略偏上游）位置单排布孔，填筑质量差、渗漏水严重的坝段，可双排或三排布置；孔距、排距根据灌浆设计确定。

（4）灌浆孔深度应大于隐患深度 2 ～ 3 米。

（5）造孔、浆液配制及灌浆压力与坝体裂缝修理的要求一致。

（6）灌浆应先灌河槽段，后灌岸坡段和弯曲段，采用"孔底注浆、全孔灌注"和"先稀后稠、少灌多复"的方式进行。每孔灌浆次数应在 5 次以上，两次灌浆间隔时间不少于 5 天。当浆液升至孔口，经连续复灌 3 次不再吃浆时，即可终止灌浆。

（7）有特殊要求时，浆液中可掺入占干土重的 0.5% ～ 1% 水玻璃或 15% 左右的水泥，最佳用量可通过试验确定。

（8）雨季及库水位较高时，不宜进行灌浆。

4. 采用导渗沟处理渗漏时的要求

（1）导渗沟的形状可采用"Y""W""I"等形状，但不允许采用平行于坝轴线的纵向沟。

（2）导渗沟的长度以坝坡渗水出逸点至排水设施为准，深度为 0.8 ～ 1.0 米，宽度为 0.5 ～ 0.8 米，间距视渗漏情况而定，一般为 3 ～ 5 米。

（3）沟内按滤层要求回填砂砾石料，填筑顺序按粒径由小到大、由周边到内部，分层填筑成封闭的棱柱体；也可用无纺布包裹砾石或砂卵石料，填成封闭的棱柱体。

（4）导渗沟的顶面应铺砌块石或回填粘土保护层，厚度为 0.2 ～ 0.3 米。

5. 采用贴坡式砂石反滤层处理渗漏时的要求

（1）铺设范围应超过渗漏部位四周各 1 米。

（2）铺设前应清除坡面的草皮杂物，清除深度为 0.1 ～ 0.2 米。

（3）滤料按砂、小石子、大石子、块石的次序由下至上逐层铺设；砂、小石子、大石子各层厚度为 0.15 ～ 0.2 米，块石保护层厚度为 0.2 ～ 0.3 米。

（4）经反滤层导出的渗水应引入集水沟或滤水坝趾内排出。

6. 采用土工织物反滤层导渗处理渗漏时的要求

（1）铺设前应清除坡面的草皮杂物，清除深度为 0.1 ～ 0.2 米。

（2）在清理好的坡面上满铺土工织物。铺设时，沿水平方向每隔 5 ～ 10 米做一道"V"形防滑槽加以固定，以防滑动；再满铺一层透水砂砾料，厚度为 0.4 ～ 0.5 米，上压 0.2 ～ 0.3 米厚的块石保护层。铺设时，严禁施工人员穿带钉鞋进入现场。

（3）土工织物的连接可采用缝接、搭接或粘接等方式。缝接时，土工织物重压宽度 0.1 米，用各种化纤线手工缝合 1 ～ 2 道；搭接时，搭接面宽度 0.5 米；粘接时，粘接面宽度 0.1 ～ 0.2 米。

（4）导出的渗水应引入集水沟或滤水坝趾内排出。

（六）坝基渗漏和绕坝渗漏修理

根据地基工程地质和水文地质、渗漏、当地砂石、土料资源等情况，进行渗流复核计算后，选择采用加固上游粘土防渗铺盖、建造混凝土防渗墙、灌浆帷幕、下游导渗及压渗、高压喷射灌浆等方法进行修理。

1. 采用加固上游粘土防渗铺盖时的要求

（1）水库具有放空条件，当地有做防渗铺盖的土料资源。

（2）粘土铺盖的长度应满足渗流稳定的要求，根据地基允许的平均水力坡降确定，一般大于 5 ～ 10 倍的水头。

（3）粘土铺盖的厚度应保证不致因受渗透压力而破坏，一般铺盖前端厚度 0.5 ～ 1.0 米；与坝体相接处为 1/6 ～ 1/10 水头，一般不小于 3 米。

（4）对于砂料含量少、层间系数不合乎反滤要求、透水性较大的地基，必须先铺筑滤水过渡层，再回填铺盖土料。

2. 采用建造混凝土防渗墙处理坝基渗漏时的要求

（1）防渗墙的施工应在水库放空或低水位条件下进行。

（2）防渗墙应与坝体防渗体连成整体。

（3）防渗墙的设计和施工应符合有关规范规定。

3. 采用灌浆帷幕防渗时要求

（1）非岩性的砂砾石坝基和基岩破碎的岩基可采用此法。

（2）灌浆帷幕的位置应与坝身防渗体相接合。

（3）帷幕深度应根据地质条件和防渗要求确定，一般应落到不透水层。

（4）浆液材料应通过试验确定。一般可灌比 $M \geqslant 10$，地基渗透系数超过每昼夜 40 ～ 50 米时，可灌注粘土水泥浆，浆液中水泥用量占干料的 20% ～ 40%；可灌比 $M \geqslant 15$，渗透系数超过每昼夜 60 ～ 80 米时，可灌注水泥浆。

（5）坝体部分应采用干钻、套管跟进方法造孔；在坝体与坝基接触面没有混凝土盖板时，坝体与基岩接触面先用水泥砂浆封固套管管脚，待砂浆凝固后再进行钻孔灌浆工序。

4.采用下游导渗及压渗方法时的要求

（1）坝基为双层结构，坝后地基湿软，可开挖排水明沟导渗或打减压井；坝后土层较薄、有明显翻水冒沙以及隆起现象时，应采用压渗方法处理。

（2）导渗明沟可采用平行坝轴线或垂直坝轴线布置，保持与坝趾排水体连接；垂直坝轴线布置的导渗沟的间距一般为 5 ～ 10 米，在沟的尾端设横向排水干沟，将各导渗沟的水集中排走；导渗沟的底部和边坡均应采用滤层保护。

（3）压渗平台的范围和厚度应根据渗水范围和渗水压力确定，其填筑材料可采用土料或石料。填筑时，应先铺设滤料垫层，再铺填石料或土料。

5.采用高压喷射灌浆处理坝基渗漏时

（1）适用于最大工作深度不超过40米的软弱土层、砂层、砂砾石层地基渗漏的处理，也可以用于含量不多的大粒径卵石层和漂石层地基的渗漏处理，在卵石或漂石层过厚、含量过多的地层不宜采用。

（2）灌浆处理前，应详细了解地基的工程地质和水文地质资料，选择相似的地基做灌浆围井试验，取得可靠技术参数后，进行灌浆设计。

（3）灌浆孔的布置。灌浆孔轴线一般沿坝轴线偏上游布置；有条件放空的水库，灌浆孔位也可以布置在上游坝脚部位；凝结的防渗板墙应与坝体防渗体连成整体，伸入坝体防渗体内的长度不小于1/10的水头；防渗板墙的下端应落到相对不透水层的岩面。

（4）孔距和喷射形式。根据各地喷射灌浆的经验，单排孔孔距一般为 1.6 ～ 1.8 米，双排孔孔距可适当加大，但不能超过2.5米；喷射形式一般采用摆喷、交叉折线连接形式；喷射角度一般为 20° ～ 30°。

（5）喷射设备应选用带有质量控制自动检测台的三管喷射装置。主要技术参数为水压力 25 ～ 30 兆帕，水量 60 ～ 80 升／分钟，气压 0.6 ～ 0.8 兆帕，气量 3 ～ 6 立方米／分钟，灌浆压力 0.3 兆帕以上，浆量 70 ～ 80 立方米／分钟，喷射管提升速度 6 ～ 10 厘米／分钟，摆角 20° ～ 30°，喷嘴直径 1.9 ～ 2.2 毫米，气嘴直径 9 毫米，水泥浆比重 1.6 左右。

（6）坝体钻孔应采用套管跟进方法进行，在管口位置应设浆液回收装置，防止灌浆时浆液破坏坝体；地基灌浆结束后，坝体钻孔应按照相关标准进行封孔。

（7）高喷灌浆的施工应按照相应的工艺流程进行。

（8）检查验收。质量检查一般采用与墙体形成三角形的围井，布置在施工质量较差的孔位处，做压水试验，测定相关数据；验收工作可参照《水工建筑物水泥灌浆施工技术规范》中的有关规定进行[1]。

（七）坝体滑坡修理

根据滑坡产生的原因和具体情况，应采用开挖回填、加培缓坡、压重固脚、导渗排水等方法进行综合处理。因坝体渗漏引起的滑坡应同时进行防渗漏处理。

1. 采用开挖回填方法时的要求

（1）彻底挖除滑坡体上部已松动的土体，再按设计坝坡线分层回填夯实。

（2）开挖时，应对未滑动的坡面按边坡稳定要求放足开口线；回填时，应保证新老土结合紧密。

（3）恢复或修好坝坡的护坡和排水设施。

2. 采用加培缓坡方法时的要求

（1）根据坝坡稳定分析结果确定放缓坝坡的坡比。

（2）将滑动土体上部进行削坡，按确定的坡比加大断面，分层回填夯实。夯实后的土壤干容重应达到原设计标准。

（3）回填前，应先将坝趾排水设施向外延伸或接通新的排水体。

（4）回填后，应恢复和接长坡面排水设施和护坡。

3. 采用压重固脚方法时的要求

（1）压重固脚常用的有镇压台（戗台）和压坡体两种形式，应视当地土料、石料资源和滑坡的具体情况采用。

（2）镇压台（戗台）或压坡体应沿滑坡段进行全面铺筑，需伸出滑坡段两端

---

[1]　潘锦江.对《水闸技术管理规程》(SL75-94)的一些修订意见[J].广东水利水电,2004(1):71-72.

5～10 米，其高度和长度应通过稳定分析后才能确定。一般石料镇压台的高度是 3～5 米；压坡体的高度一般为滑坡体高度的一半左右，边坡为 1：3.5～1：5。

（3）采用土料压坡体时，应先满铺一层厚度为 0.5～0.8 米的砂砾石滤层，再回填压坡体土料。

（4）镇压台和压坡体的布置不得影响坝容坝貌，应恢复或修好原有排水设施。

4. 采用导渗排水方法时，应符合下列要求。

（1）除了按照坝体渗漏修理要求的内容布置外，导渗沟的下部还应延伸到坝坡稳定的部位或坝脚，并与排水设施相通。

（2）导渗沟之间滑坡体的裂缝应进行表层开挖、回填封闭处理。

（八）排水设施修理

1. 排水沟（管）的修理要求

（1）部分沟（管）段发生破坏或堵塞时，应将破坏或堵塞的部分挖除，按原设计标准进行修复。

（2）修理时，应根据沟（管）的结构类型（浆砌石、砖砌、预制或现浇混凝土），分别按照相应的材料以及施工规范进行施工。

（3）沟（管）基础（坝体）遭到冲刷破坏时，应使用与坝体同样的土料，先修复坝体，后修复沟（管）。

2. 减压井、导渗体的修理要求

（1）减压井发生堵塞或失效时，应按照掏淤清孔、洗孔冲淤、安装滤管、回填滤料、安设井帽、疏通排水道等程序进行修理。

（2）导渗体发生堵塞或失效时，应先拆除堵塞部位的导渗体，清洗疏通渗水通道，重新铺设反滤料，并按原断面恢复导渗体。

3. 贴坡式和堆石坝趾的修理要求

（3）贴坡式和堆石坝趾滤水体的顶部应封闭，或沿着与坝体接触部位设截流沟或矮挡土墙，防止坝坡土粒进入并堵塞滤水体。

4.其他要求

（4）完善坝下游周边的防护工程，以防山坡雨水倒灌影响导渗排水效果。

（九）输、泄水建筑物修理

1.砌石（干砌石和浆砌石）建筑物的修理要求

（1）砌石体大面积松动、塌陷、淘空时，应翻修或重修至原设计标准。

（2）浆砌石墙身渗漏严重时，可采用灌浆处理；墙身发生滑动或倾斜时，可采用墙后减载或墙前加撑处理；墙基出现冒水、冒沙时，应立即采用墙后降低地下水位和墙前增设反滤设施进行综合处理。

（3）防冲设施（防冲槽、海漫等）遭冲刷破坏时，一般可采用加筑消能设施或抛石笼和抛石等方法进行处理。

（4）导渗、排水设施（反滤体、减压井、导渗沟、排水沟管等）堵塞损坏时，应及时疏通修复。

2.混凝土建筑物的修理要求

（1）钢筋混凝土保护层冻蚀、碳化损坏时，应选用涂料封闭、高标号砂浆、环氧砂浆抹面或喷浆等修补方法。

（2）混凝土结构脱壳、剥落或机械损坏时，可采用下列措施进行修补：损伤面积小，可采用砂浆或聚合物砂浆抹补；局部损坏，有防腐、抗冲要求的重要部位，可用环氧砂浆或高标号水泥砂浆等修补；损坏面积和深度大，可用混凝土、喷混凝土或喷浆等修理；修补前，应对混凝土表面凿毛并清洗干净，有钢筋的应进行除锈。

（3）混凝土建筑物裂缝的修理应符合以下要求：出现裂缝后，应加强检查观测，查明裂缝性质、成因及其危害程度，据以确定修补方案；混凝土的表面裂缝、浅层缝可分别采用表面涂抹、表面粘补玻璃丝布、凿槽嵌补柔性材料后再抹砂浆、喷浆、灌浆、堵漏胶等措施进行修补；裂缝应在基本稳定后修补，并宜在低温、开度较大时进行，不稳定裂缝应采用柔性材料修补；混凝土结构的渗漏应结合表面缺陷或裂缝情况，采用砂浆抹面或灌浆处理；建筑物水下部位发生表面剥落、冲坑、裂缝、止水设施损坏时，应选用钢围堰、气压沉柜等施工设施修补，或由潜水员采用快干混凝土进行水下修复。

3. 闸门的修理要求

（1）修理前，应进行表面预处理。对每孔闸门进行全部冲洗清淤，在闸门关闭位置检查橡胶止水与闸门槽的间隙大小并进行详细记录，同时对有关部位做明显标记，对易损部位进行对比分析。

（2）钢闸门防腐蚀处理，可采用涂装涂料和喷涂金属等措施。采用涂料作为防腐涂层时，面（中）、底层应配套且性能良好，涂层干膜厚度不小于 200 微米；采用喷涂金属作为防腐涂层时，喷涂材料宜选用锌，喷涂层厚度一般为 120～150 微米，金属涂层表面应采用涂料封闭，其干膜厚度不小于 60 微米。

（3）钢闸门表面涂膜（包括金属涂层表面封闭涂层）出现普遍剥落、鼓泡、龟裂、明显粉化时，应全部重新做防腐层或封闭涂层。钢筋混凝土闸门表面损坏时，应采用涂料封闭、高标号砂浆或环氧砂浆抹面或喷浆等措施进行修理。

（4）止水装置应经常维修，发现损坏时，应立即更换。根据闸门槽间隙安装橡胶止水，并按止水受力部位加密止水夹板固定螺栓。止水夹板固定螺栓的最佳间距为 70～100 毫米。为使止水夹板受力一致，利用公斤扭力表对夹板固定螺栓进行紧固，扭力 9～12 千克为最佳。增加止水夹板厚度，从原来的 0.4 毫米增至 0.6 毫米，并在止水夹板孔四周加焊 4 毫米的稳钉，从而增加了止水橡胶与夹板的结构性、稳定性及耐磨性。

（5）钢闸门门叶以及梁系结构、臂杆局部发生变形、扭曲、下垂时，应及时矫正、补强或更换。闸门的连续坚固件松动、缺失时，应紧固、更换、补全。焊缝脱落、锈损开裂时，应及时补焊。吊耳、吊座、绳套出现变形、裂纹或锈损严重时，应更换。

（6）闸门行走支撑装置的零部件出现下列情况时，应予更换：压合胶木滑道损伤或滑动面磨损严重；轴和轴套出现裂纹、压陷、变形、磨损严重；滚轮出现裂纹、磨损严重或锈死不转；主轨道变形、断裂、磨损严重或瓷砖轨道掉块、裂缝、釉面剥落。

（7）对四个角的稳定轮进行调整，找一个最有代表性的点，即以闸门与闸门槽相互同心的轮做基准点，其余的轮调整与基准轮一致。调整闸门主要部件间隙，对闸门吊耳与闸门吊耳销间隙过大或孔径椭圆的进行修补和加钢套，吊耳偏离中心的增加钢垫进行调整，最大限度地缩小闸门的倾斜度。

4.启闭机的修理要求

（1）启闭机滚动轴承的滚子以及配件出现磨损变形时，应及时更换。启闭机外部机架出现变形、裂缝时，也要及时更换。

（2）制动带磨损严重，制动带的铆钉脱落、断裂，主弹簧失去弹性，制动轮出现裂缝时，均应及时更换。

（3）卷扬式启闭机卷筒表面、轮缘、幅板等处出现损坏或裂缝，开式轮毂出现锈蚀、破损时，应及时更换。

5.钢丝绳的修理要求

（1）钢丝绳达到了《起重机械用钢丝绳检验和报废实用规范》（GB 5972—86）规定的报废标准时，无论是否完整，必须立即更换。

（2）更换钢丝绳时，预绕圈数应符合最初设计要求。如果没有具体的规定，应不少于4圈，其中2圈为安全圈，2圈用于固定。

（3）钢丝绳在闭门状态下应保持松紧适宜，排列整齐。

（4）钢丝绳绳套所在的浇筑体有松动迹象时，必须对浇筑体进行重新浇筑，防止事故发生。

（5）弧形闸门钢丝绳与面板连接的铰链能够灵活转动，不阻滞、不卡顿。

6.螺杆启闭机的修理要求

（1）当螺杆出现弯曲或变形等异常状况时，应及时矫正或更换。矫正方法有压重物矫正、杠杆矫正、千斤顶矫正、手动螺杆式矫正器矫正、压力机矫正以及加热矫正。

（2）承重螺母、齿轮出现裂纹、断齿或螺纹齿宽磨损量超过 20% 时，应予更换。

7. 液压启闭机的修理要求

（1）当活塞环和油封出现断裂、变形以及磨损严重时，应予更换。

（2）高压管路出现管壁裂纹、焊缝脱落时，应及时修理或更换。

（3）油缸检修组装、管路零部件更换和漏油缺陷排除后，均应进行耐压实验。

8. 启闭机设备的修理地要求

启闭机设备无法正常工作时，应安排技术人员进行修理；不能修理的，要及时更换[①]。

第三节　水利工程的调度运用技术

水利工程调度过程中，难免伴随着一定的风险。采用科学合理的调度技术，不仅能够有效降低风险，还能提高工作效率，达到提高水利工程调度安全的目的，这对现代水利工程治理至关重要。

一、水库的调度运用

（一）水库调度运用的原则

水库调度运用的原则是在保证水库工程安全的前提下，结合下游河道安全泄量的实际情况，根据水库工程任务，按照局部服从整体、兴利服从防洪的原则进行调度。

（二）防汛工作

（1）按照"以防为主，防重于抢"的方针，落实防汛工作。

（2）每年汛前（6月1日前），管理单位应做好以下主要工作：

①健全防汛组织机构（防汛领导组织机构、防汛责任部门、抢险队伍等），保持指挥调度顺畅。

① 刘勇毅，孙显利，尹正平 . 现代水利工程治理 [M]. 济南：山东科学技术出版社，2016：67-71.

②制定防汛制度、措施和防汛应急预案。

③检查有关建筑物（施工围堰、防洪墙等），以满足度汛要求。

④检查动力、通信、交通、供水、排水、消防等设施，同时保证抢险物资准备到位。

⑤对有可能诱发山体滑坡、泥石流、雷击等灾害的作业点，提前撤离人员并制定应急措施。

⑥对受洪水影响的营地和大型设备采取相应的措施。

⑦在受洪水危害的施工道路上设立警示标志。

（3）汛期（6月1日—9月30日），管理单位应做好以下主要工作：

①掌握雨情、水情及天气情况。保持信息畅通，及时发布有关洪水的气温、风、降水、冰雪、水位、潮位、流量等气象水文情况，对可能产生的洪峰、增水、洪量等水情进行预报。视水情严重程度，必要时可发布警报。

②调度洪水。依据水情、工程情况以及防汛调度方案，运用已建的各种防洪工程进行防洪调度。在需要运用分洪、蓄洪、滞洪措施时，及时果断做出决定，下达命令，按时、按量分洪、蓄洪。

③工程守护。管理单位组织防汛人员不间断地巡查和防守堤、坝、涵闸等工程，及时发现险情，分析原因，正确判断，拟定抢护方案，组织抢护；加强对工程和水流情况的巡视检查，安排专人值班防守；警戒水位以下，一般由专业人员防守；超出警戒水位，组织防汛人员防守。

④应急措施。遇有超标准洪水，在人力不能抗御时，管理单位应请示上级同意，按照批准的紧急措施方案和规定的程序，及时执行临时扒口等分洪紧急措施。泄洪时，应提前通知下游，对淹没区或可能被淹区内的居民进行转移安置，尽量减少损失，避免人员伤亡。

⑤抢险。对于险情，要早发现、早解决。大多数险情都是由小变大的，应防患于未然。对已经影响到工程安全的险情，要立刻上报上级主管部门，并组织抢险工作，

尽力减少险情带来的危害[1]。

（4）汛后（10月1日后），管理单位应做好以下主要工作：

①全面检查防洪工程，对防汛工作中的不足之处或教训进行检讨，认真总结经验教训。

②由于时间紧、任务重，汛期抢险工程多为临时性质的工程。为确保安全，一些地段需要重新维修加固，避免灾害发生。

（5）当水库遭遇超标洪水或重特大险情时，管理单位应立即采取行动，按照之前制定的防洪预案组织开展抢险工作，同时向下游发出警报，使地方上能快速采取有效措施，转移群众，紧急避险。

（三）防洪调度

（1）水库防洪调度的概念：利用水库的调蓄作用和控制能力，有计划地控制调节洪水，以避免下游防洪区的洪灾损失。不承担防洪任务的水库为保证工程本身的防洪安全而采取的调度措施，通常也称为水库防洪调度。

（2）水库防洪调度应遵循下列原则：处理好防洪与兴利之间的关系，平时防洪兼顾兴利，汛期兴利服从防洪；防洪时，必须重视工程安全；编制、执行防洪调度方案，严格按照流程办理；由于基本资料、水情预报、调度决策等可能存在误差，运行时更应谨慎处理。

（3）防洪调度方式：当水库对下游无防洪任务时，只需处理好水库安全度汛事宜，在水库水位达到一定高程后可以泄洪；当水库对下游有防洪任务时，除了考虑水库安全度汛外，还要考虑下游地区的防洪安全；在水库防洪标准以下时，按下游防洪要求进行调度；当水量太大超过水库防洪标准时，应以水库安全为先，在保证大坝安全的前提下进行调度。

（4）防洪调度方案应包括明确各防洪特征水位、制定实时调度运用方式、制定防御超标洪水的非常措施、明确实施水库防洪调度计划的组织措施和调度权限等方面。

---

[1]　刘勇毅，孙显利，尹正平.现代水利工程治理[M].济南：山东科学技术出版社，2016：73.

（5）水库管理单位应根据雨情、水情的变化及时修正和完善洪水预报方案。水库管理单位应按照批准的防洪调度方案科学、合理实施调度。

（6）当入库洪峰没有达到最高标准时，应提前降低库内水位，预留足够的防洪库容，以保证水库安全。

（四）兴利调度

（1）水库兴利调度应遵循以下原则：

①在满足城乡居民生活用水的基础上，同时兼顾工业、农业、生态环保等其他方面的需求，最大限度地合理、综合利用水资源。

②计划用水、节约用水。

（2）兴利调度方式包括灌溉、发电、供水、航运等方面，一般要求尽量提高需水期的供水量，常采用以实测入库径流资料为依据绘制的水库调度图进行调度，以具体控制水库的供水量。调度图由调度线划分为若干个运行区，具体如下：

①以保证正常供水为目标的保证运行区。

②以充分利用多余水量扩大效益为目标的加大供水区。

③遇枯水年降低供水量幅度以尽量减少损失的降低供水区。在运行中由库水位所在运行区决定水库的运行方式及供水量。对于发电方面，除了尽可能减少弃水、充分利用水量以外，还要十分注意利用水头的问题。

（3）兴利调度方案应包括以下内容：

①当年水库蓄水及来水的预测。

②进行协调后，初定各用水单位对水库供水的要求。

③拟订水库各时段的水位控制指标。

④制订年（季、月）的具体供水计划。

（4）实施兴利调度时，管理单位应实时调整兴利调度计划，并报主管部门备案。当遭遇特殊干旱年，应重新调整供水量，报主管部门核准后执行。

（五）控制运用

（1）水库管理单位应按照已批准的防洪和兴利调度计划，或者是上级主管部门下达的指令，实施涵闸的控制运用。执行完毕后，应向上级主管部门报告。

（2）溢洪闸需超标准运用时，应按批准的防洪调度方案执行。

（3）汛期内，除设计上兼有泄洪功能的输水涵洞可用来泄洪外，其他输水涵洞不得进行泄洪操作。

（4）闸门操作运用应符合下列要求：

①当初始开闸或较大幅度增加流量时，应采取分次开启的方法，使过闸流量与下游水位相适应。

②闸门开启高度应避免处于发生振动的位置。

③过闸水流应保持平稳，避免发生集中水流、折冲水流、回流、漩涡等不利流态。

④关闸或减少泄洪流量时，应避免下游河道水位降落过快。

⑤输水涵洞应避免洞内长时间处于明满流交替状态。

（5）闸门开启前应做好下列准备工作：

①检查闸门启闭状态有无卡阻。

②检查启闭设备、仪表是否正常运行，是否符合安全运行要求。

③了解闸门的开度位置以及水闸内外水位情况。

④检查两侧闸槽内有无异物，检查闸下溢洪道及下游河道有无阻水障碍。

（6）闸门操作应遵守下列规定：

①多孔闸闸门应按设计提供的启闭要求及闸门操作规程进行操作运用，一般应同时分级均匀启闭，不能同时启闭的，开闸时应先中间、后两边，由中间向两边依次对称开启；关闸时应先两边、后中间，由两边向中间依次对称关闭。

②电动、手摇两用启闭机在采用人工启门前，应先断开电源；闭门时禁止松开制动器使闸门自由下落，操作结束后应立即取下摇柄。

③两台启闭机控制一扇闸门的，应保持同步；一台启闭机控制多扇闸门的，闸门

开高应保持相同。

④闸门启闭时必须两人上岗。一人操作闸门运行，一人观察瞭望，在闸门运行过程中不得擅自离开操作室。操作过程中，如发现闸门有沉重、停滞、卡阻、杂声等异常现象，应立即停止运行，并进行检查处理。

⑤使用液压启闭机，当闸门开启到预定位置而压力仍然升高时，应立即控制油压。

⑥当闸门开启接近最大开度或关闭接近底槛时，应加强观察并及时停止运行；闸门关闭不严时，应查明原因进行处理；使用螺杆启闭机的，应采用手动关闭。

⑦闸门运行时如发生突然停电，操作人员不得擅自拆修，应先切断电源后，向上级部门汇报，交由专业电工进行检修。

（7）采用计算机自动监控的水闸应根据工程的具体情况，制定相应的运行操作和管理规程。

（六）冰冻期间运用

（1）闸门防冰冻是指防止冰盖的静压力、水流的冲击力作用在闸门上；防止冰团、冰凌、冰块堵塞闸门；防止闸门活动部分与埋固部分冻结在一起，以及闸门埋固件工作表面结冰等，影响闸门在冬季的正常运行。在寒冷地区，无论露顶闸门还是潜孔闸门，在冰冻区都需要采取有效的闸门防冰冻措施，以保证闸门正常的启闭。水库管理单位应在每年11月底前制订冬季保护计划，做好防冰冻的准备工作。

（2）冰冻期间应因地制宜地采取有效的防冻措施，防止建筑物及闸门受冰压力损坏和冰块撞击。一般可采取在建筑物及闸门周围凿1米宽的不冻槽，内置软草或柴捆的防冻措施。闸门启闭前，应消除闸门周边和运转部位的冻结。

（3）解冻期间溢洪闸如需泄水，应将闸门提出水面或小开度泄水。

（4）雨雪过后应立即清除建筑物表面及其机械设备上的积雪和积水，防止设备受损。备用发电机组在不使用时，应采取防冻措施。

（七）洪水调度考评

水库管理单位应根据《水库洪水调度考评规定》（SL 224—98），在汛后或年末对水库洪水调度工作进行自我评价。水库洪水调度考评包括基础工作、经常性工作、洪水预报、洪水调度等内容。

二、水闸的控制运用

（一）一般规定

（1）水闸管理单位应根据水闸规划设计要求和本地区防汛抗旱调度方案制定水闸控制运用原则或方案，报上级主管部门批准。水闸的控制运用应服从上级防汛指挥机构的调度。

（2）水闸的控制运用应符合下列原则。

①局部服从全局，兴利服从抗灾，统筹兼顾。

②综合利用水资源。

③按照有关规定和协议合理运用。

④与上下游和相邻有关工程密切配合运用[①]。

（3）水闸控制运用管理内容。

①水闸调度模式

在控制运用方法的基础上，在汛期，调度工作要由省级防汛部门对整个省的防洪调度工作负责，而在非汛期，则需要由水闸所在地市防汛部门负责。如果有防污调度相关任务，则需要由当地水务（水利）局直接向水闸单位进行调度。

②控制运用原则

水闸单位要按照局部服从全局、全局照顾局部的原则开展工作，保证在统筹兼顾的基础上实现本地区水资源的综合利用。同时，要按照上级批准的协议以及控制运用方式对措施进行科学的选择和应用，保证在实际工作开展中水闸能够同上下游水利工程进行密切的配合性应用。此外，水闸调度需要能够对河道上下游等方面的需求进行综合联系，按照排污调污、泄洪排涝的原则进行水源排放，而在蓄水方面则需要能够

---

① 刘勇毅，孙显利，尹正平.现代水利工程治理[M].济南：山东科学技术出版社，2016：76.

对当地灌溉、工业生产以及居民的日常生活进行充分考虑。

③控制运用指标

在水闸控制运用中，控制运用指标不仅是重要的控制条件，还是在实际工作开展中对工程安全性进行判别，保证其效益能够获得充分发挥的重要依据。在水闸调度中，用作控制条件的一系列特征水位与流量主要有上游最高、最低水位，最大过闸流量及相应单宽流量，最大水位差，正常引水流量以及蓄水位。

④控制运用计划

在每年年初，水闸单位都需要联系控制运用指标和工程相关合理要求以及具体情况，在对当地工程运用经验、历史水文规律以及水情预报进行参照的基础上上报上级单位批准实施控制运用计划。计划中包括的内容有不同时期流量、运行方式以及控制水位等。

（4）水闸管理单位应根据规划设计的工程特征值，结合工程现状确定下列有关指标，作为控制运用的依据。

①上下游最高水位、最低水位。

②最大过闸流量、相应单宽流量及上下游水位。

③最大水位差及相应的上下游水位。

④上下游河道的安全水位和流量。

⑤兴利水位和流量。

（5）需确定控制运用计划的水闸管理单位，应按年度或分阶段制订控制运用计划，报上级主管部门批准后执行。

（6）水闸的控制运用应按照批准的控制运用原则、用水计划或上级主管部门的指令进行，不得接受其他任何单位和个人的指令。对上级主管部门的指令应详细记录、复核；执行完毕后，应向上级主管部门报告。承担水文测报任务的管理单位还应及时发送水情信息。

（7）当水闸确需超标准运用时，水闸管理单位应进行充分的分析论证和复核，提出可行的运用方案，报上级主管部门批准后施行。运用过程中应加强工程观测，发现问题及时处置。

（8）有淤积的水闸应优化调度水源，扩大冲淤水量，并采取妥善的方式防淤减淤。

（9）水闸泄流时，应防止船舶和漂浮物影响闸门启闭或危及闸门、建筑物安全。

（10）通航河道上的水闸管理单位应及时向有关单位通报有关水情。

（二）各类水闸的控制运用

（1）节制闸的控制运用应符合下列要求。

①根据河道来水情况和用水需要，适时调节上下游水位和下泄流量。

②当出现洪水时，及时泄洪；适时拦蓄尾水。

（2）分洪闸的控制运用应符合下列要求。

①当接到分洪预备通知后，应立即做好开闸前的准备工作。

②当接到分洪指令后，必须按时开闸分洪。开闸前，鸣笛预警。

③分洪初期，应严格按照实施细则的有关规定进行操作，并严密监视消能防冲设施的安全。

④分洪过程中，应做好巡视检查工作，随时向上级主管部门报告工情、水情变化情况，及时执行调整水闸泄量的指令。

（3）排水闸的控制运用应符合下列要求。

①冬春季节控制适宜于农业生产的闸上水位；多雨季节遇有降雨天气预报时，应适时预降内河水位；汛期应充分利用外河水位回落时机排水。

②双向运用的排水闸在干旱季节应根据用水需要适时引水。

③蓄、滞洪区的退水闸应按上级主管部门的指令按时退水。

（4）引水闸的控制运用应符合下列要求。

①根据需水要求和水源情况，有计划地进行引水；如外河水位上涨，应防止超标准引水。

②水质较差或河道内含沙量较高时，应减少引水流量直至停止引水。

（5）挡潮闸的控制运用应符合下列要求。

①排水应在潮位落至与闸上水位相平后开闸，在潮位涨至接近闸上水位时关闸，防止海水倒灌。

②根据各个季节供水与排水等不同要求，应控制适宜的内河水位，汛期有暴雨预报，应适时预降内河水位。

③汛期应充分利用泄水冲淤；非汛期有冲淤水源的，宜在大潮期冲淤。

（6）橡胶坝的控制运用应符合下列要求。

①严禁坝袋超高超压运用，即充水（充气）不得超过设计内压力，单向挡水的橡胶坝，严禁双向运用。

②坝顶溢流时，可通过改变坝高来调节溢流水深，从而避免坝袋发生振动。

③充水式橡胶坝冬季宜坍坝越冬；若不能坍坝越冬，应在临水面采取防冻破冰措施；冬季冰冻期间，不得随意调节坝袋；冰凌过坝时，对坝袋应采取保护措施。

④橡胶坝挡水期间，在高温季节为降低坝袋表面温度，可将坝高适当降低，在坝顶上面短时间保持一定的溢流水深。

（三）闸门操作运用

（1）闸门操作运用应符合下列基本要求。

①过闸流量应与下游水位相适应，使水跃发生在消力池内；当初始开闸或较大幅度增加流量时，应采取分次开启办法，每次泄放的流量应根据"始流时闸下安全水位—流量关系曲线"确定，并根据"闸门开高—水位—流量关系曲线"确定闸门开高；每次开启后需等闸下水位稳定后才能再次增加开启高度。

②过闸水流应平稳，避免发生集中水流、折冲水流、回流、漩涡等不良流态。

③关闸或减少过闸流量时，应避免下游河道水位降落过快。

④应避免闸门开启高度在发生振动的位置。

（2）闸门启闭前应做好下列准备工作。

①检查上下游管理范围和安全警戒区内有无船只、漂浮物或其他阻水障碍，并进行妥善处理。

②闸门开启泄流前，应及时发出预警，通知下游有关村庄和单位。

③检查闸门启闭状态，有无卡阻。

④检查机电等启闭设备是否符合安全运行要求。

⑤观察上下游水位、流态，查对流量。

（3）多孔水闸的闸门操作运用应符合下列规定。

①多孔水闸闸门应按设计提供的启闭要求或管理运用经验进行操作运行，一般应同时分级均匀启闭；不能同时启闭的，应由中间向两边依次对称开启，由两边向中间依次对称关闭。

②多孔闸闸下河道淤积严重时，可开启单孔或少数孔闸门进行适度冲淤，但应加强监视，严防消能防冲设施遭受损坏。

（4）闸门操作应遵守下列规定。

①应由熟练人员进行操作、监护，做到准确及时。

②电动、手摇两用启闭机人工操作前，必须先断开电源；关闭闸门时严禁松开制动器使闸门自由下落；操作结束，应立即取下摇柄。

③有锁定装置的闸门，关闭闸门前应先打开锁定装置；闸门开启时，待锁定可靠后，才能进行下一孔操作。

④两台启闭机控制一扇闸门的，应严格保持同步；一台启闭机控制多扇闸门的，闸门开高应保持相同。

⑤闸门正在启闭时，不得按反向按钮；如需反向运行，应先按停止按钮，然后才能反向运行。

⑥运行时如发现异常现象，如沉重、停滞、卡阻、杂声等，应立即停止运行，待检查处理后再运行。

⑦使用液压启闭机，当闸门开启到达预定位置而压力仍然升高时，应立即控制油压。

⑧当闸门开启接近最大开度或关闭接近底板门槛时，应加强观察并及时停止运行；遇有闸门关闭不严现象，应查明原因进行处理；使用螺杆启闭机的，禁止强行顶压。

（5）闸门启闭结束后，应核对启闭高度、孔数，观察上下游流态，并填写启闭记录，内容包括启闭依据、操作人员、操作时间、启闭顺序及历时、水位、流量、流态、闸门开高、启闭设备运行情况等。

（6）采用计算机自动监控的水闸，应根据本工程的具体情况，制定相应的运行操作和管理规程。

（7）水闸工程管理单位应结合工程的具体情况，参照表6-1制定闸门开/关门操作命令单。每次启闭闸门均应认真填写操作命令单，完成后进行存档处理。

表6-1 闸门开/关门操作命令单

事　　由	
操作任务	调节第（　）孔闸门
操作形式	远程控制□ 现场控制□
开/关闸门检查情况	1. 检查闸门控制柜控制方式。远程□ 现场□ 2. 手工锁定系统是否已取消，检查锁定信号是否正常。是□否□ 3. 检查闸门动力柜变频器是否带电，动力电是否正常。是□否□ 4. 控制设备是否正常。是□否□ 5. 上下游河道内是否有船只和人员，是否已发布预警。是□否□ 6. 与开/关闸门有关的其他情况是否正常。是□否□ 7. 监护人员是否已经到位。是□否□
执行情况	发令人：　　　　　　　　受令人： 总检查人：　　　　监护人：　　　　　　操作人：
开始时间：　年　月　日　时　分　完成时间：　年　月　日　时　分	

119

三、现代水网的调度

现代水网的诞生是人类社会进步的产物，也是水利事业发展的结果。为解决我国部分区域供水紧张的问题，诸多跨流域调水工程相继建设，如天津市的引滦入津工程、山东省的胶东调水工程、甘肃省的引大入秦工程等。进入 21 世纪后，南水北调东线、中线工程相继完工，这不仅改变了我国水利工程的格局，还凸显了水资源网络思想。更多具有网状结构的水利工程被规划出来，大小河流、湖泊、水库、调水工程、输水渠道、供水管道等交错连接，预示着水资源系统已经步入现代化的网络时代，也奠定了现代化水网系统的工程基础。

（一）现代水网的概念

现代水网是指在现有水利工程架构的基础上，以现代治水理念为指导，以现代先进技术为支撑，通过建设一批控制性枢纽工程和河湖库渠连通工程，将水资源调配网、防洪调度网和水系生态保护网"三网"有机融合，使之形成集防洪、供水、生态等多功能于一体的复合型水利工程网络体系。以往采用单一的工程调度难以有效实现洪水资源化，而通过现代水网调度则可以扬长避短，使这种特殊的水资源在短时间内融入水资源调配体系，得到有效利用。由此可见，现代化水网调度是最大限度实现洪水资源化最根本、最重要的途径之一[①]。

一个完整的现代化水网体系包括水源、工程、水传输系统、用户、水资源优化配置方案和法律法规六大要素，其中水源、工程、水传输系统和用户是"外在形体"，水资源优化配置方案和法律法规是"内在精神"，水资源优化配置方案是现代化水网效益发挥的关键所在。该系统所依托的工程涉及为实现水资源引、提、输、蓄、供、排等环节所建设的所有单项工程，包括饮水工程（闸、坝等）、提水工程（泵站、机井、大口井等）、输水工程（河道、渠道、隧洞、渡槽等）、蓄水工程（水库、塘坝、拦河闸坝、湖泊等）、供水工程、排水工程等所有工程网络架构，具有实现水资源最

---

① 刘勇毅，孙显利，尹正平.现代水利工程治理[M].济南：山东科学技术出版社，2016：82.

优化配置的优势。水资源优化配置方案即所有调水规则的总和。

（二）现代水网的内涵

（1）现代水网是水资源供给网络、防洪工程网络、水系生态网络的综合体。在水网系统中，供水保障体系、防洪减灾体系、生态保障体系是其构成单元，河道、渠道、水库、灌区、海堤等工程是各单元的组成要素，要素之间相互关联，充分发挥水功能、突出水生态、提升水管理、融合水信息、实现水安全、体现水景观、弘扬水文化、服务水经济，建设具有地方特色的现代水网。

（2）现代水网以统筹解决水资源短缺、水生态脆弱、水灾害威胁三大问题为目标。现代水网着重统筹解决水资源时空分布和社会需求不匹配的矛盾，解决大量洪水资源得不到利用与水资源短缺之间的矛盾，解决人水争地、人地争水造成河湖萎缩、生态恶化的矛盾。

（3）现代水网在保障防洪安全的基础上，突出生态环境的修复和改善。水资源是一切生命和生态环境演化所依赖的基本要素，"三网融合"的现代水网便是通过建立长效的生态用水保障机制，维持生态环境的良性循环，从而支撑经济社会的可持续发展的。

（4）现代水网具有水资源综合利用的多目标关联特性。现代水网通常具有供水、防洪、排涝、发电、航运、生态环境保护、观光旅游等多目标特性。同时，这些目标之间存在着相互关联、相互促进以及相互竞争的关系。"三网融合"的现代水网涉及水资源、经济、社会和生态环境领域，其规划和管理的是复杂大系统的多层次、多目标决策问题。

（5）现代水网注重水利工程多功能的特点，充分发挥其综合功能、复合效益。所有水利工程都是网络的一个组成部分，其功能要着眼于它在整个网络中的地位进行通盘考虑，不能就供水说供水、就防洪说防洪、就生态说生态，不能只看局部不看整体、只看眼前不看长远，而应该在每一项水利工程的规划、设计、建设、管理等各个环节都要从总体上进行定位，要尽可能兼顾供水、生态、景观、交通、城市建设等多方面的要求，实现一渠多用、一河多用、一库多用，把人工工程和自然水系紧密结合起来。

（6）现代水网在水利建设上，要做到统一规划设计、统一建设管理、统一调度运行。在规划上，要加强顶层设计，统筹规划，把水利发展的蓝图谋划好，重点把那些在水网布局中起到关键作用的控制性水利枢纽、骨干调水工程定好位，确立其功能要求。在调度管理上，要充分利用先进的科技手段和管理手段，在防洪调度、水资源配置、生态修复上有所突破。

（三）现代水网的特征

与传统意义上的水网相比，现代水网具有六个特征：一是多功能性。现代水网集防洪、发电、供水、航运、水土保持等多种功能于一身。二是系统性。现代水网系统内各组成部分联系紧密，统一规划，统筹安排。三是安全性。现代水网在应对自然灾害时，能充分利用资源，提供可靠的工程保障体系。四是互通性。现代水网通过联通水利枢纽工程与河湖水系，实现多部门互通。五是智能性。现代水网利用先进科学技术，迈入了数字化时代，被打造成智慧水网。六是开放性。作为一个开放性系统，现代水网服务于全流域的人民群众，对外公开。

（四）现代化水网调度

现代化水网调度是指现代化水网系统中的水资源优化配置，就是在全社会范围内通过水资源在不同时间、不同地域、不同部门间的科学、合理、实时调度，以尽可能小的代价获得尽可能大的利益。对于洪水资源化而言，现代化水网正好提供了一个解决水多与水少矛盾的最佳平台。在确保防洪安全的前提下，改变以往将洪水尽快排走、入海为安的做法，将其纳入整个现代化水网体系中，运用既定的水资源优化配置方案进行科学调度，逐级调配、吸纳、消化，既将洪水进行削峰、错时、阻滞，又将洪水资源进行调配、利用，一举两得。

现代水网是一个立体的系统工程，若与水行政管理统一起来，可分为省级水网、市级水网和县级水网。省级现代化水网利用大中型水库、闸坝等工程设施对水量进行调蓄，实现水资源优化配置和调度。市级现代化水网主要是实现县区间的水资源配置，根据市级自身特点，推行多样化网络构建形式，一方面合理分配省级网络确定的外调水资源，另一方面科学调度本市自身的各类水资源。县级现代化水网主要是实现县域范围内各部门间的水资源优化配置和调度，在工程上可不拘泥于形式，一切以水资源的优化利用为导向。各级水网均具有各自的功能与定位，着眼大局和长远利益，实现水资源的优化调度。

此外，在现代化水网调度中，水库河道联合调度尤为重要，以便在优先保障防洪安全的前提下，尽量做到雨洪资源的最大利用。

第七章 现代水利工程治理的实践路径

水利工程是国民经济和社会发展的重要基础设施。随着我国现代化进程的不断加速，如何适度超前地建设现代水利工程，为经济社会可持续发展提供有力支撑逐渐成为全社会普遍关注的问题。现代水利工程治理作为现代水利工程中的重要一环，如何通过科学高效的管理，有效提升工程的安全运行水平，充分发挥工程在防洪保安、水资源供给和生态改善等方面的综合效益已成为研究课题。

第一节 国内水利工程治理概述

我国许多省份都十分重视水利工程治理工作，结合自身的省情、水情建立了一套适应本省实际的水利工程治理体系，其中许多先进的治理理念和治理模式值得进行总结和借鉴。

一、江苏省水利工程治理

（一）江苏"河长制"治理经验

1. 基本情况

江苏省水网密布，水域面积 1.72 万平方千米，占全省总面积的 16.9%。全省有乡级以上河道两万多条。可以说，丰沛的江河河道资源和多样的水生态环境是江苏的特色和优势。但随着经济社会的快速发展，河湖水环境的治理与保护逐渐成为一项艰巨而急迫的任务。

"河长制"发轫于江苏。2007 年，太湖蓝藻污染事件爆发，倒逼无锡市探索实行了以水质达标为目标的"河长制"。2008 年，江苏省政府决定在太湖流域推广无锡市的"河长制"经验，全省 15 条主要入湖河流实行"双河长制"，即每条河由省、市两级领导共同担任河长，一些地方还设立了市、县、镇、村四级管理体系。这一管理体系不仅实现了对区域内河流管护的全面覆盖，还强化了各地方的工作责任。2012 年，在总结多年"河长制"工作经验的基础上，结合经济社会发展的新形势，江苏省出台了《关于加强全省河道管理"河长制"工作的意见》，在全国首创推行了以保障河湖防洪安全、供水安全、生态安全为重点的河道管理"河长制"，通过建立机构、健全机制、完善措施、落实经费、强化考核，实现对河道的全面管理和保护，切实维护河湖生命健康，促进河湖资源的可持续利用。2017 年底，江苏省宣布成为全国率先全面建成"河长制"的省份，设立省、市、县、乡、村五级河长，落实河长6 万余名，覆盖 15.86 万个河湖水库。2018 年 1 月，江苏省在全国率先将"全面实行河长制"写入《江苏省河道管理条例》，对河道管理保护和开发利用进行了全面系统的规范。2018 年 4 月 24 日，江苏省水利厅公布《江苏省河长湖长履职办法》；同年 5 月 9 日，该厅又公布了《江苏省河长制湖长制工作 2018 年度省级考核细则》。相关文件的集中出台为江苏省的水利工程治理工作进一步指明了方向。

2. 主要做法

（1）建立机制，完善政策法规体系

江苏省构建了由政府主导、水利部门牵头、涉河管理有关部门分工负责的河道管理"河长制"。省、市、县三级水行政主管部门成立"河长制"管理办公室，负责河湖整治和管理的总体指导、统筹协调、检查通报和监督考核。"河长制"管理办公室要建立健全工作会议、信息通报、水质监测、执法巡查、监督考核、水域变化动态统计、河道生态健康状况通报等制度。

江苏省先后出台或修订出台了《江苏省湖泊保护条例》《江苏省水库管理条例》《江苏省水利工程管理条例》《江苏省河道管理实施办法》《江苏省农村河道管护办法》

《江苏省建设项目占用水域管理办法》《江苏省长江河道采砂管理实施办法》《关于加强饮用水水源地保护的决定》《关于加强全省河道管理"河长制"工作的意见》等一批规范性文件和河道管理制度，为规范和指导河湖管理提供了重要的政策支撑。

（2）加强领导，健全管理组织体系

水行政主管部门负责人要对"河长制"工作亲自部署、亲自协调，解决"河长制"推行中的重大问题，加强对"河长制"工作的领导。分管局长要兼任"河长制"办公室主任，主持制定"河长制"推行工作方案，建立和落实"河长制"各项管理和工作考核制度，抓好责任制落实，强化监督检查和目标考核，确保河道治理工作落到实处。

全省727条省骨干河道、1 212个河段的河长，以及具体管理单位和管护人员已落实到位，基本实现了组织、机构、人员、经费"四落实"；组建了由各级政府、水利、环保等部门组成的省管湖泊管理与保护联席会议制度，进一步优化各地区、各部门涉水管理的职能，全省省管湖泊均建立了联席会议工作机制。所有在册水库均落实了安全行政责任人、技术负责人、管护人三级责任人，大中型水库全部落实管理单位，小型水库落实管护人员，实现了工程管护的全覆盖。全省基本形成了河、湖、库全面管理的组织体系。

（3）科学编制河湖规划

江苏省先后编制了一系列规划。根据规划要求，全省大部分地区结合本地实际，编制了河道蓝线保护规划、开发利用和保护规划等相关规划，基本形成了较完善的河湖治理、管理和保护规划体系，为河湖水系的科学管理和综合治理提供了科学依据。

（4）加大管护经费投入

各级政府增加对河道整治和管理的财政投入，统筹安排各项整治和管理经费。省级河道整治和管理经费以省财政投入为主；其他河道的整治和管理经费由河道所在地市、县财政专项安排。按照"分级管理、分级负担"的原则，增大对河道管护的资金投入，建立稳定的投入增长机制。省财政在年度预算安排中，逐步增加对河道管护的投入。

（5）依法监管河湖

开展省管湖泊管护工作，2013 年洪泽湖清除非法圈圩 4.7 万亩（约 31.33 平方千米），恢复兴利库容 6 000 多万立方米，成效明显。南京等部分地区实施了境内河道蓝线划定工作，保障了水资源的科学管理。开展河湖巡查、河湖专项执法和长江采砂违法涉河项目查处，依法查处了一批涉河涉湖违法水事行为，有力地维护了河湖水事安全。强化河湖的监督考核，先后制定出台《江苏省省骨干河道管理考核办法》《江苏省农村河道管护办法》等，严格考核，强化管理，确保各项工作真正落到实处。

（6）加强宣传，营造氛围

加强对"河长制"优越性的宣传，积极营造依法治水的法治社会氛围。各级水行政主管部门要在支持新闻媒体对违法占用水域、擅自填埋河道、取水和设置排污口、人为设置行洪障碍物、非法采砂取土、毁坏水利工程设施等违法违规行为曝光的同时，完善社会公众参与机制，鼓励社会公众对这些违法违规行为进行举报，举报一经查实，给予奖励。

（7）强化监督，加强考核

各级"河长制"管理办公室负责对辖区内河湖的整治和管理工作进行严格的监督，对那些不认真履行职责、整治和管理工作不到位的行为进行通报批评处理。如果由于单位或个人渎职、失职等原因，人为造成河湖水体功能受损、水质破坏以及生态灾害，要根据相关法律法规，依法追究相关责任人的责任。

为把"河长制"落到实处，江苏省建立了绩效考评体系，对考评组织、考评对象与范围、考评内容、考评方式以及奖惩方法等做出了具体的规定，同时建立了工作稽查、工作通报等制度，并定期、不定期地对"河长制"管理工作进行抽检。对于发现的问题下达整改通知，跟踪督导，确保整改到位。江苏省还将考核结果与水利项目立项等挂钩，对"河长制"管理工作不力的地区进行惩罚，促进了全省河道长效管护扎实有效进行。

3. 治理成果

（1）厘清水情

建立"河长制"以后，全省各地都组织开展了较大规模的河道状况调查研究，很多"河长"亲临一线了解情况。在此基础上，形成了"一河一档"，包括河道的基本状况、水质情况、水环境和水生态情况等；制定了"一河一策"，包括如何开展综合整治、如何实施积极长效管理、河道水质与水环境改善的时序进度等要求。这些资料为下一步制定对策、综合治理、强化管理提供了依据。

（2）提高防洪、防涝、水资源调配能力

江苏省流域性河道防洪标准基本达到 50 ～ 100 年一遇，已治理骨干河道防洪标准提高到 20 年一遇以上，区域除涝标准提高到 5 ～ 10 年一遇。省内河网水系水资源调配能力明显增强，江水北调、江水东引和引江济太三大跨流域调水体系不断完善，集中式饮用水源地、水功能区、骨干河道、农村河道的管理保护提升了城市供水能力，增强了农村河道的蓄引排灌能力。

（3）加大整治力度

发挥"河长制"的协调和督促作用，进一步加大河湖的综合整治力度。自建立"河长制"以来，各地积极投入河道综合整治工作，取得了显著的成效。例如，无锡市直湖港是省市"双河长制"单位，经过省、市两级"河长"的共同努力，已全部完成主河道及支浜共计 168 万立方米的清淤任务，彻底封堵排污口 43 个。

（4）落实长效管理

实行"河长制"管理后，江苏省省级财政及各地财政不断加大对各级河道管护的投入力度。2013 年，省财政专项安排省骨干河道"河长制"引导奖补资金 4 000 万元，安排农村河道长效管护补助资金 4 000 万元，省级财政在河道管护专项经费安排上比 2012 年增加了 38%。在省级资金引导和带动下，各地也逐步加大对河道管护的投入，为推动河道长效管理奠定了坚实的基础。同时，在河道长效管理方式上，各地方法多种多样，有的地区组建专门的管理队伍，有的地区实行市场化管理，但无论采取哪种方式，河道长效管理的队伍和职责都得到了较好落实。另外，强化了行政督察与社会监督，凡是推行"河长制"的地方，不仅建立了相关的行政督察机制，还形成了社会监督机制，每条河的长效管理措施是否落实、管理得如何，不仅政府知道，社会知道，百姓也要知道。

（5）促进多部门合作

河道的综合整治和管理涉及多个部门，需要多部门的协调与配合，才能取得实效。推行"河长制"以后，由水利部门具体负责，相关部门共同配合，较好地解决了部门之间的合作问题，有效增强了各有关部门和单位的大局意识、责任意识和服务意识，为了共同的目标各司其职、密切配合、积极作为，共同推进河湖长效管理保护。

（6）改善河道生态

在城市和城镇打造了一批集水生态修复和水文化展现于一体的河道环境综合治理工程，在农村突出解决了县乡河道功能衰减和水环境恶化问题，改善了生活环境，重现了"流畅、水清、岸绿、景美"的自然风光。

4. 长远影响

实践证明，江苏省"河长制"工作方向正确、影响深远，河道运行管理、经费投入、综合执法等机制初步形成，河道管理工作逐步实现由行业管理向社会管理、由点到面、由单一功能向多功能的转变，水文化、水环境等工作影响力不断提升，群众满意度不断提高[①]。

（二）江苏省高邮市农田水利分区治理模式

1. 高邮市农田水利工程基本概况

2016 年，高邮市耕地面积为 115.11 万亩（767.4 平方千米），其中有效灌溉面积 108.3 万亩（722 平方千米），占耕地总面积的 94.08%；建成旱涝保收田 98.1 万亩（654 平方千米），占耕地总面积的 85.22%；建成节水工程控制灌溉面积 63.5 万

---

① 李美存，曹新富，毛春梅. 河长制长效治污路径研究——以江苏省为例 [J]. 人民长江，2017，48(19):21-24.

亩（423平方千米），占耕地总面积的55.16%。

截至2016年底，高邮市已经完成了干、支、斗的各级灌溉渠道约1.65万条，县、乡、村三级河道3 621条，小型排涝泵站762座；建成防洪圩口167个，圩堤总长度1 813千米，圩口涵闸1 115座；建成丘陵山区塘坝3 570座，有效库容860万立方米，年蓄水能力1 883万立方米，亩均水资源326立方米；现有大中型灌区末级渠道长度5 812.5千米，防渗衬砌长度2 229千米，配套各类建筑物3.67万座，田间排水沟系总长度3 410千米，配套各类建筑物1.8万座。综合分析，全市渠道工程完好率约60%，中沟以上建筑物配套率约80%，完好率70%左右；小沟级及田间工程配套率约40%，完好率55%左右。如今，高邮市基本上完成灌排完善的工程体系，当地农业经济得到了全面发展。

2. 高邮市水利分区治理

依据高邮市水环境与水资源的承载能力和经济社会全面协调可持续发展的要求，根据地形、地貌特征，高邮市提出分区发展、重点整治的策略，将全市分为三大灌溉区域。

（1）平原自流灌区治理

沿运平原自流灌溉区建有高邮灌区，区内地势低洼平坦，易旱易涝，稍降暴雨便积水成涝。该地区位置独特，灌溉水源引自京杭大运河，三阳河为排水出路，两条河道都是南水北调东线工程的输水河道，将同时面临控污与节水的两重压力，这就要求既要建设节水灌溉工程，减少引运水量，减轻运河供水压力，又要控制农田排水水质。如果片面追求农作物产量，化肥、农药使用量较高，虽然提高了产量，但是农业生产的面源污染较大，会影响当地水质。因此，大力建设节水灌溉工程，同时建设或利用现有工程设施控减污染是灌区分区治理的关键所在。

灌区治理的主要途径：旱涝兼治，开挖平底深沟深河，形成网络；加强灌区续建配套、节能改造，提高建筑物配套率与灌溉水利用系数；改善引输水工程设施，疏浚骨干排涝沟河，增强引、排水能力；推广高效节水灌溉，以防水土流失。同时，依据作物的需水规律、供水条件和利用效率，通过"集水期灌溉"的节水灌溉制度，采用干渠分段轮灌的工作制度，提高灌溉水利用率和水分生产率。

（2）低洼圩区治理

高邮市低洼圩区多年来形成的高标准农田的主要治理模式：在现状配套田间工程的基础上，以建设防洪排涝工程及高效节水工程为主，灌溉系统宜采取低压管道灌溉模式，进行田间灌排工程改造。

低洼圩区推行高筑圩、双配套（闸、站配套）、两改造（老河网改造、易涝易渍低产田改造）、一调整（产业结构调整）的农田水利发展模式，做到"四分开、三控制"（灌排分开、内外分开、水旱分开、高低分开、控制土壤适宜含水量、控制地下水位、控制内河水位），逐步实现降得下、排得畅、挡得牢、灌得好。

圩区灌排布置，河道是关键。圩区以区域性骨干引排河道为一级河，高邮境内主要引排河道为二级河，相互交织构成外河骨干河网。圩区过大，影响引排时，开分圩河，做到分圩让路；圩区过小，则适当联圩并圩，以缩短防洪战线。圩内河网一般分为中心河（相当于中沟）、生产河（相当于小沟）两级，河网布局依圩型、规模和圩外河网情况而定。长方形圩一般采用"丰"字形布置，竖河为中心河，横河为生产河；圩区面积较大且较为方整的，采用"井"字形布置，可有两条以上中心河；垂直中心河两侧均匀布置生产河，构成纲目分明的内河网，在中心河两端及适当的生产河口建圩口闸。

（3）湖西丘陵山区治理

高邮湖西丘陵地区是镇扬山脉的延伸部分，天山镇处于高邮湖西丘陵地区，该区为典型的低山丘陵地带。水资源短缺是丘陵地区经济社会可持续发展的制约因素，影响工农业生产。在丘陵山区大力开展喷、滴灌相结合的高效节水灌溉工程建设，开源与节流相结合，解决丘陵山区水资源短缺的问题。高邮湖西丘陵地区治理应当结合当地的农业种植比结构、自然地理条件、抗旱减灾管理水平和水资源开发利用水平等实际情况，因地制宜地提出丘陵地区小流域治理模式。以小流域为单位，通过开展小流域综合治理，采取工程措施与植物措施等进行耕地治理，层层设防，节节拦蓄，增加地表植被，调整经济作物格局，可以涵养水源，调节小流域气候，优化生态环境布局，创造良好的农业生产环境，降低水、旱等自然灾害发生的频率，完善水土流失防护机制，调整产业结构，促进农业收入不断增加①。

二、江西省小型水利工程治理

（一）基本情况

江西省位于长江中下游南岸，东邻浙江、福建，南接广东，西连湖南，北毗湖北、安徽。境内地势南高北低，边缘群山环绕，中部丘陵起伏，北部平原坦荡，四周渐次向鄱阳湖区倾斜，形成南窄北宽以鄱阳湖为底部的盆地状地形。

江西省雨水丰沛，水资源丰富。全省多年平均降水量 1 638 毫米，居全国第 4 位；多年平均水资源总量 1 565 亿立方米，人均水资源量 3 557 立方米，均居全国第 7 位。河网密布，水系发达，长江有 152 千米流经江西，境内赣江、抚河、信江、饶河、修河五大河流，从东、南、西三面汇流注入中国最大淡水湖——鄱阳湖，经调蓄后由湖口注入长江，形成一个完整的鄱阳湖水系。

鄱阳湖水系流域面积 16.22 万平方千米，相当于全省面积的 97%，约占长江流域面积的 9%。经鄱阳湖调蓄注入长江的多年平均水量为 1 457 亿立方米，占长江总水量的 15.5%，超过黄河、淮河和海河三河每年水量的总和。鄱阳湖洪、枯水的湖体面积、湖体容积相差极大，最高水位时湖体面积约 4 550 平方千米，最低水位时湖体面积仅 239 平方千米。"高水是湖，低水似河""洪水一片，枯水一线"，严重制约着湖区水资源利用和水生态环境保护②。

独特的地形气候条件使江西洪涝干旱灾害频繁，水土流失较为严重。在党中央、国务院的亲切关心和大力支持下，江西省委、省政府高度重视水利，带领全省人民

---

① 林清．高邮市农田水利治理若干问题的探讨 [D]．扬州：扬州大学,2018：16-18.

② 廖瑞钊,唐林波．江西省小型水利工程管理体制改革的实践与探索 [J]．江西水利科技，2014，40(3):235-238.

大干水利，成就显著。全省已建成各类水利工程 160 余万座（处）。其中，堤防 1.3 万千米，水库 1.08 万座、水电站 846 座，大中型灌区 315 处，集中供水工程 2.9 万处。全省总灌溉面积 142 万亩（约 947 平方千米），除涝面积 607 万亩（约 4047 平方千米），综合治理水土流失面积 5.6 万平方千米，构建了较为完善的防洪减灾工程体系、供水安全保障体系、生态安全保护体系。

（二）江西省小型水利工程管护的成功模式

江西省水利工程体系中绝大多数是小型水利工程。这些水利工程有的是以国家投资为主兴建的，有的是以农村集体经济组织投入为主兴建的，有的是以受益户共同出资兴建的，还有的是以社会资本投资兴建的和个人投资兴建的。

2014 年 3 月，江西省正式启动深化小型水利工程管理体制改革试点工作，选定了 11 个省级试点示范县，其中新干县也是全国改革示范县（图 7-1）。2013 年 4 月，江西省水利厅、江西省财政厅出台了《江西省水利厅江西省财政厅关于印发〈江西省深化小型水利工程管理体制改革试点工作方案〉的通知》，对加快推进试点工作做了全面部署。各试点示范县积极探索，先行先试，重点从责任主体、工程权属、管护人员、经费来源等方面进行改革，初步积累了一定的试点经验。江西省从当地实际情况出发，针对不同的小型水利工程建立起了不同的运行管护模式，成效显著。

图 7-1　全国改革示范县新干县组织技术人员培训

三、浙江省水利工程治理

近几年，为加强水利工程管理工作，浙江省开展了水利工程管理体制改革，逐步建立起一套符合浙江省实际和市场经济要求的水利工程管理体制和运行机制。在此基础上，许多地区和单位率先开展了水利工程物业化管理，通过向市场购买维修及保养服务，大大提高了维修养护资金的使用效率，有效推动了水利工程管理水平的提高。同时，一些地区和单位通过对小型水利工程管理体制进行改革，基本建成了职权清晰、职责明确、制度完善、经费落实、维护到位、管理高效的小型水库管理体系和运行管理机制，进一步提升了小型水库的管理水平。

（一）温州市水利工程物业化管理

1. 基本情况

温州市共有水库 318 座，标准海塘 380 千米，大中型水闸 45 座，其中大中型水库 19 座均设立了管理单位，小型水库 60 座，大多属水利部门管理，也设立了管理单位。温州市自 2012 年开始推行物业化管理理念，经过两年多的探索和实践，2014年在全市范围内开展了水利工程物业化管理试点工作，市本级和 11 个县（市、区）均至少确定了一个工程作为试点，涵盖了水库、海塘、水闸等各类工程，其主要的特点是进行物业化管理的工程不成立新的管理机构，工程日常运行管理、保洁和维修养护等工作全部推向市场，由维修养护企业承担。从实施的效果看，各个工程都确定了维修养护的承接企业，减少了工程日常的运行管护成本，提高了工作效率，实现了对水利工程的专业化维护和物业化管理①。

2. 主要做法

温州市水利工程物业化管理是由工程管理单位通过招投标或政府采购等方式选定工程物业管理企业，由工程管理单位与物业管理企业按照管理合同的约定，对投入运行的工程及其附属配套设施、设备进行运行操作、检查观测和维修养护。自 2012 年

---

① 刘勇毅，孙显利，尹正平.现代水利工程治理 [M].济南：山东科学技术出版社，2016：150.

10 月以来，温州市水利局先后制定出台了《温州市水利工程维修养护管理办法（试行）》《温州市水利工程物业化管理暂行办法》和《温州市水利工程物业化管理合同示范文本（试行）》，明确了物业化管护有关要求，积极推行水利工程物业化管理。

3. 治理效果

目前，温州市在市本级和各县（市、区）都确定了一批水利工程物业化管理试点单位。从实践情况来看，引入市场机制在一定程度上解决了水利工程管理职责不清、成本较高、效率低下等问题，一些成效已逐步显现。实行物业化管理后，工程管理单位与物业管理企业双方按合同约定分工负责，较好地实现了管养分离。各关键岗位人员要求持证上岗，运行管理进一步规范，专业化水平得到提高，维修养护及时到位，设备使用寿命延长，运行安全得到保障。同时，通过专业化、区域集中化管理，精简了管理人员，减少了管理费用，提高了管理效率。例如，温州市西向排洪工程实行物业管理后，人员和管理经费比按照定额测算分别可降低 30% 和 40% 左右。

（二）舟山市定海区深化小型水库管理体制改革

1. 基本情况

舟山市定海区属海岛地区，工程主要以小型水利工程为主，全区现共有小型水库 76 座，10 万立方米以下山塘 396 座，海塘 126 条共计 141.34 千米，一线沿塘闸涵 200 座，一线排涝泵站 11 座，主要分布在全区 11 个镇（街）和 1 个国有农场。全区设有 1 个县级水利工程管理机构（定海区农村水利管理站），负责日常的工程管理工作。受海岛地区地理条件限制，定海区的水利工程具有数量多、规模小、分布广的特点（图 7-2）。

图 7-2 浙江省舟山市定海区的水利工程

近年来，定海区明确水利工程责任主体，明确所有权和管理权的关系；梳理完善管理体制和监管机制，强化管护规范和监管力度，加强信息化管理；完善小型水库管护经费保障机制，确保管护经费渠道和灵活高效的使用原则；加强对小型水库管理相关人员的培训，落实管理责任，规范管理流程。全区开展了小型水利工程管理体制改革，业务上由定海区水利管理站负责指导，初步形成了按地区分散管理和全区统一监管相结合的管理模式。

2. 深化小型水库管理体制改革的原则

（1）坚持因地制宜，全面推进

按照全部实施的原则，坚持一切从定海实际出发，因地制宜细化规划，科学部署，以点带面，全面铺开，全面推进定海区所有小型水库的管理体制改革工作。

（2）坚持依法依规，明晰权责

严格依据相关法律法规，界定管理权，明确使用权，落实管护主体和责任。

（3）坚持政府主导，社会参与

强化管理单位主体职责，通过运用宣传引导等手段，充分调动社会各界和广大公众参与的积极性，凝聚各方的智慧和力量，顺利推进水库管理体制改革工作。

（4）坚持试点先行，稳步推进

选取合理示范点，及时总结、推广，以点带面，发挥示范引领作用。加强组织领导，强化督查考核，稳步推进水库管理体制改革工作。

3.深化小型水库管理体制改革的具体措施

（1）明确管护主体，落实主体责任

明确管护主体。根据《舟山市定海区人民政府关于公布定海区水利工程管理单位或管理责任主体的通知》（定政发〔2016〕27号）文件，定海区在水利工程标准化创建工作中已明确全区除东海农场淡水坑水库由区农业农村局下属国有农场负责管理外，其余73座小型水库管理单位或管理责任主体为工程所在地镇街道下属基层水利管理站。

划定管护范围。根据《浙江省水利工程安全管理条例》《舟山市水利工程管理范围和保护范围暂行规定》及各类别工程建设管理相关规定，按照先划界再确权的原则，有序推进水利工程确权划界工作。

落实管护责任。按照分级管理的原则，落实主体责任制，形成小型水库管理单位为水库所属乡镇水利站、主管部门为水利站所属的乡镇政府、水行政主管部门为区水利局的小型水库安全管理责任体系。

（2）探索社会化、专业化管护模式

根据水利部及省水利厅工作部署，定海区自2013年，特别是2016年水利工程标准化管理创建以来，积极探索实践，通过水利工程责任主体、专业化物业化管护、巡查员培训教育等系列工作，为工程发挥长久效益提供了坚实的保障。

深化区域化集中管理模式。进一步理顺区和镇（街道）水利管理机构的相互关系，全面落实小型水库工程安全管理责任制，明确小型水库工程安全管理的责任主体。针对定海"一山一岙一水库，一镇一域一水系"的特点，进一步深化完善区域化集中管理模式，以镇（街道）为基本单元，实行区域集约管理，根据水库工程运行管理规程和相关标准，合理确定各基本单元内管理岗位设置及人员配置。通过美丽河库示范乡镇创建，完善镇（街道）水利站标准化建设，全面提升基层水利管理能力。

强化专业物业化管护方式。定海区小型水库工程均为纯公益性工程,自身无造血功能,针对水库规模小、数量众多,且管理单位专业技术人员欠缺的现状,加强全区统筹管理。将小型水库管理中涉及的专业技术较高的大坝安全监测、草皮养护等工作,由水利局通过招标统一委托物业化单位开展,积极探索"管养分离""政府购买服务""物业化管理"等工程管理创新模式,逐步实现由分专业购买服务养护向不分专业物业化养护方式的转变。

(3)建立健全规章制度,规范工程运行管护

自 2013 年深入开展水利工程管理体制改革以及 2016 年水利工程标准化创建以来,定海区积极探索实践,结合水利工程标准化管理,逐步形成定海区小型水库安全运行管理机制。

落实水库安全管理"三个责任人"。所谓"三个责任人",即政府行政负责人、技术责任人、巡查责任人。将水库"三个责任人"姓名、单位、职务和联系方式在水库显要位置立牌公示。

组织开展水库管理人员培训班。定海区水利局每年汛期定期开展小型水库管理责任人员培训班。培训对象为全区水库"三个责任人"、乡镇水利管理站人员等,培训内容为水库安全管理"三个责任人"职责标准、水库工程巡视检查制度、水库调度运行制度、水库维修养护制度、水库水情雨情观测、自动监控系统的使用、水库险情的判别以及防汛抢险知识等。

落实水库水情雨情预测预报手段。根据实际情况,选择合适的小型水库安装视频监控设施以及水位、渗流在线监测设施等,提升信息化硬件水平。编制《小型水库检测预报预警方案》,并将自动测报系统与人工预警通信措施相结合,确保发现险情时能及时、有效与外界信息沟通。同时,对现有的平台进行整合,提升信息化综合程度。

落实水库调度方案及应急预案。按照落实水库安全管理"三项制度"要求,编制所有小型水库《小型水库控制运用方案》《小型水库大坝安全管理应急预案》,并全部按规定程序报批。

开展水库应急及调度运用方案演练。结合水库实际，组建应急抢险队伍，储备水库抢险物资和必要抢险器材，设立明显撤离路线、标识并强化宣传，组织开展水库应急演练，切实增强水库应急抢险能力和有序转移撤离群众能力，确保人民群众生命财产安全。组织"三个责任人"观摩应急演练，切实提高"三个责任人"履责意识和履职能力。

水库大坝实行定期安全鉴定制度。严格执行水库大坝安全鉴定规定，首次安全鉴定应在工程竣工验收后 5 年内进行，以后每隔 6 ～ 10 年进行一次。运行中遭遇特大洪水、强烈地震、工程发生重大事故，或出现影响安全的异常现象后，应进行专门的安全鉴定。梳理全区超期未鉴定水库，制订水库大坝安全鉴定计划，促成大坝安全运行，良性循环。

（4）建立稳定可靠、使用高效的工程管护经费保障机制

为进一步保障全区小型水库管护经费，加强水利工程运行管理和维修养护资金的使用、管理和监督，提高资金使用效率，保证水利工程正常维修养护和安全运行，定海区制定了《定海区小型水库安全管理办法》《定海区水利工程运行维修养护管理办法》。对管护资金的落实、使用规定等予以明确，并要求各镇（街道）加强对水利工程运行维护经费的保障工作，建立完善水利工程运行维护经费保障机制，并结合执行情况，对相关管理办法进行完善。

（5）建立奖惩分明、科学考核的工程管理监督机制

为加强小型水库巡查管理，建立科学的考核管理机制，定海区出台了《舟山市定海区小型水库巡查管理考核办法（试行）》。在此基础上，结合实际运行管理情况进行完善，重点探索建立"三级考核制度"，即乡镇定期考核、市民巡访团定期抽查考核、区水利局不定期考核。考核结果与上级维修养护资金分配和管护人员薪酬挂钩。维修养护经费对管护到位、成效明显的小型水库予以重点倾斜。

（6）公开改革任务完成情况

在官方网站公示改革目标，定期公开改革任务完成情况，主动接受社会监督。

4.深化小型水库管理体制改革的保障措施

（1）加强组织领导，明确工作责任

成立定海区小型水库管理体制改革领导小组，强化各部门在工作中的分工协作，密切配合。建立健全相应的工作机制，逐项分解工作任务，明确责任单位。定海区水利局牵头负责编制实施方案、相关制度以及管理办法，各镇（街道）和相关管理单位负责落实具体改革事项。切实加强组织领导，推进全区小型水库管理体制改革工作顺利实施。

（2）加强培训宣传，营造良好氛围

各相关镇（街道）要深入基层、深入群众，切实加大改革的培训、宣传工作力度。定海区水利局采取多种形式加强对改革后的工程管理人员进行专项培训。开展形式多样、内容丰富的宣传活动，广泛宣传改革的重大意义、政策法规、措施方案，营造良好的改革氛围，确保改革深入人心，健康发展。

（3）加强经费筹措，强化资金保障

根据小型水库工程运行管理规程和相关标准，结合定海区实际，合理确定岗位设置和人员配置。加强经费测算与筹措，建立公益性（准公益性）水利工程管理经费与维护经费财政稳定增长投入机制。强化资金使用管理，完善小型水库工程管理和维护经费相关配套政策。

（4）加强通力协作，齐心协力推进

各镇（街道）要深入开展调研，及时了解和解决改革中出现的新情况、新问题，并不断总结经验、加强交流，全面、稳步、深入推动改革。区水利局加强指导，强化服务，密切配合，确保改革工作顺利推进和圆满完成。

第二节　国外水利工程治理概述

作为一项复杂而艰巨的系统工作，水利工程治理受水资源和流域状况、社会经济发展水平、水利工程管理体制、历史背景等综合因素影响，不同国家和地区对水利工程的治理情况也有所不同，治理模式和治理途径也种类繁多。由于经济实力雄厚、技术水平成熟，很多发达国家在水利工程治理上投入巨大的人力和资金，进行了相当多具有针对性、实用性以及可操作性的探索，积累了大量经验。这些国外水利工程治理的成功经验对我国水利工程治理工作具有非常重要的借鉴意义。

一、美国田纳西河流域开发与治理

（一）田纳西河流域概况

田纳西河位于美国东南部，是美国第八大河，全长 1 043 千米，流经 7 个州，流域面积 10.4 万平方千米。该河发源于阿巴拉契亚高地西坡，由霍尔斯顿河和弗伦奇布罗德河汇合而成。田纳西河流域内气候温和，降雨丰沛，年降水量 1 100 ～ 1 800 毫米，河口平均流量 1 800 立方米 / 秒。自 19 世纪后期以来，由于对生态资源的过度开发，田纳西河流域自然环境遭到了严重破坏，水土流失严重，加之田纳西河水位季节变化较大，冬末春初又多暴雨，极易造成洪水泛滥。到了 20 世纪 30 年代，该流域的 526 万公顷耕地中有 85% 遭到洪水破坏，成为美国最贫困落后的地区之一。

为解决田纳西河流域生态恶化、洪灾泛滥、管理失控的局面，美国国会于 1933 年批准设立田纳西河流域管理局，全面负责田纳西河流域的综合开发和管理，协调田纳西河流域地区的水患与贫困问题。经过多年的实践，田纳西河流域的开发和管理取得了显著成效，从根本上改变了田纳西河流域落后的面貌，成为世界水利工程治理史上一个成功的经典范例（图 7-3）。

图 7-3　美国田纳西河

（二）田纳西河流域管理的特点

1.开展专门立法

田纳西河流域涉及美国多个州，关系错综复杂。由于历史原因，美国实行联邦制，各个州的权力都很大，协调州与州之间的事务并非易事。为保障对田纳西河流域实行统一的管理，1933年美国国会审议并通过了《田纳西河流域管理局法》，对田纳西河流域管理局的职能、开发各项自然资源的任务和权限做了明确规定：有权为开发流域自然资源而征用流域内土地，并以联邦政府机构的名义管理；有权在田纳西河干支流上建设水库、大坝、水电站、航运设施等水利工程，以改善航运、供水、发电和控制洪水；有权将各类发电设施联网运行；有权销售电力；有权生产农用肥料，促进农业发展；等等。这些重要规定为对田纳西河流域包括水资源在内的自然资源的有效开发和统一管理提供了保证。

此后，根据流域开发和管理的变化和需要，美国国会又不断地对该法案进行补充和修订，只要是涉及流域开发和管理的重大举措（如发行债券等）都会有相应的法律保障，从而以法律角度奠定了其独特的全流域管理基础。

2.构建强有力的管理体制

成立伊始，田纳西河流域管理局就被列为联邦一级机构，代表美国联邦政府管理田纳西河流域内的相关事宜，并建立起一整套符合自身条件的独特管理体制。按照《田纳西河流域管理局法案》，田纳西河流域管理局既是政府机构，又是企业法人。一方面，田纳西河流域管理局属于政府机构，只接受美国总统和国会的监督，履行政府职能；另一方面，田纳西河流域管理局又是企业法人，实行公司制并设立董事会和地区资源管理理事会。董事会成员由总统提名产生，掌管田纳西河流域管理局的全部事务。田纳西河流域管理局的组织机构设置由董事会自主决定，可根据业务需要进行适当的调整。地区资源管理理事会主要由各地方社区的代表组成，代表们为流域的资源管理献言献策，激发了当地居民积极参与流域开发和管理的热情。

3. 采用独特的管理方法

田纳西河流域管理局成立之初的宗旨是促进地区发展和繁荣，其日常运营涉及航运、发电、防洪以及生产生活用水等方面，覆盖面广，关联性强。因此，田纳西河流域管理局建立了一套独特的解决方法——综合资源管理法。每当出现问题时，无论发电、航运，还是防洪、灌溉，田纳西河流域管理局都将其放在宏观位置上进行研究。田纳西河流域管理局充分考虑到任何单方面的改变会对其他方面可能带来的直接影响和潜在影响，将各种因素有机地结合起来，综合各方面的考量，从而在最大限度上降低了风险。尽管随着时间的推移，田纳西河流域管理局在综合开发和管理中难免出现问题，但田纳西河流域管理局始终坚持综合治理的管理理念，取得了良好的效果。

4. 创立建管分离的模式

起初，田纳西河流域管理局的工程建设都是自己承担，自行建设，其他单位很难参与进来。然而，随着水利工程规模的不断扩大以及社会分工的专业化日益凸显，田纳西河流域管理局也开始对其工程建设模式和内容进行创新，逐渐将其工程建设转变为自行建设与承包建设相结合的模式。从 1988 年起，田纳西河流域管理局不再自行建设工程，而是向社会购买服务。

5. 建立多元化的融资体系

1960 年以前，田纳西河流域管理局的开发与治理资金主要由美国联邦政府拨款，1960 年以后开始发行债券，其逐渐成为重要的募集资金渠道。《田纳西河流域管理局法案》规定债券属于对该局合法投资的一部分，同时规定田纳西河流域管理局可发行总金额在 300 亿美元以内的债券及其他债券凭证，以资助水利工程建设与开发。自 2000 年起，田纳西河流域管理局全面实现财务自主，不再获得联邦政府的资助，其中电力收入占据了其资金来源的绝大部分。

6. 重视人力资源开发

田纳西河流域管理局对人力资源的开发非常重视，不仅创办了田纳西河流域管理局职工大学，还和其他著名大学联合开设了多门选修课程，将选修课程的成绩记入学分，为职工继续深造提供了良好的条件。田纳西河流域管理局聘请了大量专业教师和中、高级管理人员授课，要求职工每年必须完成培训任务，形成了一整套完善的教育培训体系。田纳西河流域管理局特别重视新技术应用和计算机技能的培训。田纳西河流域管理局对人力资源开发的一系列措施取得了良好的经济效益和社会效益。

7. 强调高科技的应用

田纳西河流域管理局特别重视高新技术的应用，在确保流域管理目标顺利实现的前提下，大胆使用先进技术，不断提高工作效率。田纳西河流域管理局广泛应用地理信息系统、全球定位系统、遥感技术和计算机等先进技术。通过综合运用 3S 技术，田纳西河流域管理局可以采集、存储、管理分析、描述和应用流域内与空间和地理分布相关的数据，及时、可靠地对流域内资源的地点、数量、质量、空间分布进行准确输入、贮存、控制、分析、演示，以便管理者做出科学合理的决策。

二、日本的水库运行管理

（一）日本的水库建设

日本四面环海，南北长 2 000 千米，东西宽 300 千米，以山地、丘陵为主，大部分地区处于降水丰富的亚洲季风带，南北气候差别很大。日本四季分明，降雨量受季节影响，夏季降雨集中且水量较大。日本年均降水量约 1 700 毫米，约为世界年均降水量 970 毫米的 1.8 倍，约为中国年降水量 660 毫米的 2.6 倍。尽管如此，由于日本国土面积狭小，人口众多，人均年降水总量约为 5 241 立方米，只相当于世界人均年降水总量 27 000 立方米的五分之一。因此，日本属于水资源缺乏国家。

一直以来，日本的水利工程主要有修建水库、防洪、灌溉等用途。日本水库大坝主要以土坝、混凝土重力坝、堆石坝和拱坝为主。

日本水库主要用于灌溉用水、防洪减灾、发电、自来水、工业用水、维护河流生态等。

（二）日本的水库管理和运行

近年来，日本水力发电、工业供水、水库旅游等项目发展较快，但由于移民、生态环境保护等因素的制约，日本新建水库的阻力较大、成本很高，基本停止了新水库的建设。因此，日本特别重视通过完善调度运用方式和再开发事业（如水库工程的加固扩建、清淤等），充分利用已建成水库的防洪与兴利功能。

日本水库运行管理分为洪水时的管理、低水时的管理和水库周边设施的管理。洪水时的管理相当于中国的防洪调度，即在收集气象、水雨情和河川信息的基础上，对洪峰流量进行预测，然后按照调度规程发出操作指令进行泄洪，最大限度地避免下游河川水位大涨大落，减轻洪灾损失。

在泄洪过程中，特别重视对下游的报警和巡视。低水时充分有效利用水库调节设施，维持水库和河流的正常功能，平时确保用水水量、水质的稳定。水库及周边设施的管理包括水库大坝安全监测和检查、水库周边的环境保护以及周边旅游设施的管理等。以防洪减灾、河流生态维护功能为主的水库由国土交通省下属河川局与各地方整备局兴建和管理，其他水库大坝由业主（如独立行政法人水资源机构）建设和管理。

（三）日本水库运行管理的特点

1.部门责任明确

在日本，与水管理相关的部门有很多，但这些部门并不是只管理水。事实上，水管理只是这些部门若干职能中的一个部分，各部门之间的职责根据有关法律法规进行划分。相关的中央机构主要包括国土交通省、厚生劳动省、农林水产省、经济产业省、环境省。这五个部门（省）负责分管日本水利工程建设，各个部门的职责非常明确，国土交通省负责统一规划日本水库大坝及配套水利工程开发建设，厚生劳动省主管生活用水工程，农林水产省主管农业用水工程，经济产业省主管工业用水及水力发电工程，环境省分管水质及环保问题。防洪防汛由国土交通省统管，经济产业省、厚生劳动省、农林水产省协管。

各部门下设相应机构，如国土交通省下设地方整备局，各整备局设有相应的水库统合事务管理所。在一个部门内部，各机构分工明确，如国土交通省下设 8 个地方整备局及北海道开发局，负责地区河川行政管理事务，地方整备局下属水库统合管理所及水资源机构下设水库综合管理所，具体负责河川开发、水库建设与管理工作。

以防洪、生态环境保护功能为主的公益性水库主要由国家公共财政投资，直接由国土交通省及其下属机构开发建设。公益性水库建成后的运行管理也完全由国家财政负担，包括用于水库管理人员、大坝与设备维修养护、更新改造等方面经费的开支，管理人员参照享受国家公务员待遇。公益性水库之外的其他水库由业主自主开发建设和管理。

另外，还有水资源机构（JWA）等独立行政法人以及具体管理水库的水库综合事务管理所等。

2.水库管理的法律法规健全

由于涉及面比较广，水利工程在具体的建设与管理中仅仅依靠政策是难以执行的，且不具有强制约束力，尤其是涉及水资源的开发利用方面，部门与地区之间的利益冲突是客观存在的。为此，日本制定了完善的涉水法律法规。早在1896年，日本就制定了《河川法》，确立了现代河川管理体系。该法从颁布至今，修改了近20余次，到今天依然是日本水利工程建设的基本法律。此外，日本还陆续制定了其他法律，主要包括《水资源开发促进法》《日本水资源机构法》《水库区特别措施法》等。此外，还有一些环保方面的法律法规适用于水库建设和运行管理，包括《基本环境法》《环境影响评估法》和《社会基础设施开发优先计划法》等，形成了一整套比较完备的水资源管理的法律体系。

同时，日本水库大坝管理遵循国土交通省颁布的《河川管理设施等建筑物法令》和日本大坝工会发布的《水库建筑物管理标准》，并按照有关法律规定，每个水库根据其设计、建设、安全管理、调度等情况，须编制《水库设施管理规程》，重要水库还要在此基础上编制《水库设施管理规程实施细则》。

3.管理规范，资金落实

日本的水库运行管理单位均实行管养分离，管理单位人员很少，设备保养与维护工作委托专业公司承担。水库管理条件优越，管理设施先进、自动化水平高，且大坝安全监测、雨情水情观测（包括气象、水温）、下游泄洪报警设施等可以实施远程监控与操作，从而确保了水库的正常与安全运行。在水库精细化管理方面，水库泄洪前均要发布泄洪警报，或通过电话、传真进行事先通报，或采用警报车沿途通告放流时间，或重点部位设置警报器警报或指示牌标识泄流信息，或在关键地段设专人把守，以确保公共安全。

水库管理资金有保障，管理经费出处很明确。《河川法》规定河流管理所需要费用按照"受益者负担"原则分配，因此水库运行和维护管理费用主要由各类用水者与政府共同负担。

日本在水利工程建设上，实行多元化的融资政策，其资金渠道也是多元化的。水利工程建设资金的主要来源是各级政府的财政拨款、银行等金融机构的低息贷款以及公益基金的捐赠。对于经济效益较好的水利工程项目，企业还可以通过发行债券，在资本市场上进行融资。

日本政府根据水利工程用途的不同，在资金投入的力度上也不同，管理机构也不同。比如，农业用水主要是由农林水产省负责实施，中央政府与地方政府负责80%的建设经费；而工业用水是由经济产业省负责，其水利工程建设经费政府只提供10%，其他费用则由用水企业自行解决。

日本水库运行和维修养护等管理经费有相对稳定的来源渠道，特别值得提出的是，农业用水者负担费用也有保障。水资源机构长良川河口堰每年防洪管理经费、兴利管理经费分别占全年管理经费的37.1%和62.9%，其中防洪管理所需经费主要来自国土交通省，兴利管理所需经费主要由地方政府与各类用水户承担。

日本水利工程建设的资金投入主要用于农业用水、生活用水、工业用水、水资源开发、水资源利用、水源及水质安全、地下水利用、水源区保护这8个方面。根据水利工程设施的用途不同，资金分配比例不同，资金的主管部门也不相同。比如，保障生活用水建设的水利工程资金拨付权在厚生劳动省，保障农业用水建设的工程资金拨付权在农林水产省。总体上看，这些部门有相当大一部分预算投入到水利工程建设上来。2013年，农林水产省的水利资金投入约为3 956亿日元，占其总预算的3%。

4.定期检查，及时维护

日本水库大坝安全管理实行点检制度和定期检查制度。

（1）点检制度

日常的定点监测、日常巡视检查和特殊时期临时点检。点检由负责水库管理的有关人员或其委托的公司付诸实施。根据《河川管理设施等建筑物法令》和《水库建筑物管理标准》，将大坝安全监测项目中漏水量、扬压力（浸润线）和变形量规定为必测项目，大坝的巡视检查也被列为必需内容。日本水库管理分为第一期（试验性蓄水）、第二期（第一期结束后至少3年）和第三期（第二期结束后）三个不同阶段，不同阶段必测项目的测量频次和巡测检查频次在法令中均予以规定。工程管理单位每年对现有资料进行整编与分析，并将成果上报有关部门确认与备案。

（2）定检制度

根据《河川管理设施等建筑物法令》和《水库建筑物管理标准》，定检频率为每3年一次以上。定期检查要求组织具有资质的和富有专业经验的技术人员参加，针对定检之前的点检成果进行综合评价，定检方式为协商总体方案、现场确认或核查、书面检查和现场检查，最终根据测量结果、目测情况、听取意见等对检查结果进行综合判定，检查结果上报国土交通省和水资源机构有关部门确认和备案。定检项目主要包括三部分：管理体制及管理状况；资料和记录的整理保管状况；设施及其维修状况。通过定期检查给出综合判定结论，主要包括有必要马上采取措施；有征兆，今后需要注意监测；没有问题。通过定期检查，确认大坝是否管理得当，大坝安全性是否有保障，并查处管理不当的项目，提出对策。

5.尊重自然，重视生态保护

20世纪70年代，随着日本城市化、工业化的发展，日本的城市用水需求激增，出现严重供水不足、频繁的争水事件、严重的地表沉陷和水质污染等一系列问题。这些问题的出现促使日本采取了水利工程建设兼顾环境保护的管理方式。在水库建设与运行管理过程中，日本采取有效措施应对生态环境保护问题，如调整水库调度运行方式，在保证航运、防洪、发电等原有重要功能的基础上，特别重视区域水质改善等问题。为维持水库周边自然生态，通过泄放生态基流和设置鱼道等措施，确保河流不断流，改善生态环境，维护河流的健康。日本在水库规划、建设、管理的每一个阶段，都非常注重生态环境的保护，往往将大坝、河流及周边环境作为一个整体考虑，努力实现人工环境、自然环境的和谐统一。为减少对峡谷中生态环境的影响，在水库工程建设中，水库内外交通大多采用隧道及桥梁，不惜增加建设成本。

6. 严格的取水许可权制度

日本采用取水许可权制度，取水单位必须填写取水许可证申请表并提交给行政官员审批，在获得取水许可权后才能从水库中取水。取水许可权按照使用目的可分为灌溉水权、发电水权（水力发电）、生活用水水权、工业水权、其他目的（养鱼、除雪等）。取水许可权的具体内容包括用水目的、取水地点、取水方式（泵水、水坝放闸等）、取水量、水库储蓄水量、已获批准期间（合法期间）等。取水分类不同，许可证年限也不同。例如，发电取水大约可取水 30 年，其他取水大约可取水 10 年，已获得批准的期限在到达期限后可延期。在执行水库取水许可的同时，对于获得取水许可证的取水单位，如果没有按照许可证要求实施取水，行政官员有权力对取水单位予以制裁。水库管理单位必须严格依据事先确定的取水许可权分配水资源。一旦出现不按照取水许可权进行配水的情况，水库管理单位将受到处罚；水资源用户也要按照取水许可权要求获取水资源。当水资源缺乏时，库内蓄水仅能满足下游生态基流要求，在这种情况下必须先满足生态基流的要求，而不能将水库水资源先供给获得取水许可证的用户使用。

7. 注重宣传和社会参与

日本水库非常重视自我宣传，经常利用库区开展防灾减灾宣传，使公众了解水库基本知识；水库管理机构与地方政府合作，在下游建立亲水空间；开放水库坝体内部供公众参观，了解水库基本结构和安全常识；开展库区娱乐活动，增进公众与水库的感情；利用水库周边环境，对各类人群、协会等进行环境教育，增进人类的亲水属性；水库下游开设纪念馆，有利于公众对水库基本常识的了解；采取一些喜闻乐见的方式进行水库宣传，吸引公众关注和参与水库管理，将水库构造为亲水平台，使公众进一步了解水、亲近水，营造人人爱惜水资源、关心水环境的良好社会氛围，共同参与水库及周边环境的保护工作[①]。

8.优化资源配置，综合开发

日本一向重视对水库能力的综合开发，不断进行资源的优化配置。2013年，日本兵库县利用该县管理的神谷水库大坝建设太阳能电站，在大坝上设置容量合计约为3 000千瓦的太阳能电池板，预计每年可发电约330万千瓦时（图7-4）。这座进行太阳能发电的神谷水库建于兵库县姬路市丰富町的堆石坝，堤高为79米，堤顶长为303.4米，总蓄水容量为1 660万立方米，作为疏水水库于2000年建成完工。该水库大坝下游面朝南，而且倾斜角度约为26度，非常适合进行太阳能发电。为了利用神谷水库大坝建设发电站，兵库县从2012年秋季开始进行了调查，已确认设置太阳能电池板架台不会对大坝造成影响。此外，神谷水库还将利用下游一侧的部分平地，在约3.2公顷的范围内设置太阳能电池板并进行发电。建设太阳能电站及供电设备所需的项目费用约为13亿日元，再加上维护管理费及人工费等，总计约为21亿日元。预计20年时间内大约可获得28亿日元收入，收益约为7亿日元。

图7-4　神谷水坝光伏电站

---

① 袁前胜.美国和日本两国水利工程建设投入政策及其借鉴[J].世界农业,2016(1):97-101.

三、德国的水利工程治理

（一）水利工程概况

德国位于中欧西部，气候四季分明、温和湿润，年降水量分配较均匀，区域降水量变化较大。境内河流众多且支流发达，水量丰富，主要河流有莱茵河、易北河、威悉河、多瑙河。德国境内四大水系纵横相连，形成了规模化的水系网络。

德国水利工程建设起步早，目前共修建了总长 7 500 千米的堤防，建有 500 多个水库和滞洪区，已经形成较为完善的水利工程体系。其水利工程建设与管理体现了多目标的要求，即水利工程要与生态环境保护、航运、供水、旅游度假休闲等结合起来。利用山区落差大的特点，密集地开发梯级水利工程，利用平原低地平缓宽阔的河道发展航运。由于符合开发条件的河流基本上已经开发完毕，德国新建水利项目并不多。水利部门已经将工作重点转向工程管理方面，其的主要任务是保证工程安全运行和效益的正常发挥。在日常的工程管理中，水利部门始终将环境保护放在水利工程建设与管理的首位，实行市场化运作、现代化管理。

以威斯特法伦州的水管理工作为例，水管理以州内的流域为单元进行划分。流域内的水利工程、水质管理是一体的，统一接受州环保局管理。流域内水质改善与环境保护密不可分，所有水利工程都要依法管理并鼓励当地民众广泛参与。在保证流域生态安全的前提下，进行水利开发与运营。

（二）水利工程治理的特点

1. 管理体制

德国的水管理工作由各个州负责，国家主要负责协调。德国由 16 个联邦州组成，其水利工程采取分级管理的体制，依次为联邦环保部、州环保局和水利协会（或委员会）。各级管理部门职责明确，政企分开，突出了法制化、市场化运作的特点。水利工程除堤防工程外，其他水利工程政府都不直接负责其建设与资金管理。目前，水利工作优先保护环境，水利管理职能划归到环保部门下，因此德国没有专门设立国家级的水管理部门。

2.建设与管理费用

德国水利工程建设主体大多是非政府机构，按照商业模式进行运作，即水利协会、个人企业进行商业性质的投资，通过向市场供水获取利润。但这种商务活动必须在法律法规的框架下进行，服从并服务于国家和地方的整体开发规划，并受到环保部门的约束和监管。水利工程建设投资和运行管理费用多是由水利协会等社会团体筹集并使用，政府视其公益性所占工程效益的比重给予一定补偿。一般情况下，政府并不会直接调拨资金进行专项投资，而是由水利协会通过自身的专业技术以及良好的口碑从社会上融资。对于重大堤防工程，一般由政府直接出资建设，建成后，政府委托水利协会负责工程的日常运营，运营经费由政府负责拨付。

3.管理技术

德国非常重视工程技术的推广应用，这对降低工程投资和运行费用、保证工程正常运行、提供合格的水产品起到了很好的作用。其技术标准体系可分为四个层次。

（1）国家标准

国家标准由多个协会共同制定，如《德国工业标准》为必须采用的标准，一般十年修订一次。国家标准只针对一些问题作原则性的规定，涉及的具体问题则推荐使用相应的技术手册。

（2）行业标准

行业标准由公益性研究单位或协会制定，作为行业或协会的标准。

（3）技术手册

技术手册是将成熟的或大多数人认为可行的做法编辑成册，是对国家标准和行业标准的重要补充。技术手册内容详细、全面，便于使用，可操作性强，反映了当前的技术水平。

（4）内部公报

对于一些新技术、新方法，不宜公开或尚未得到公认以前，在协会内部以公报的形式交流，供参考使用，但其内容也要经有关专家审查。

4.注重生态环境保护

德国水利工程建设都是建立在环境保护的基础之上的，其治水的长远愿景是保持或恢复水域的生态平衡；从质量和数量上保证饮用水和其他用水的供应；现在和将来都能保持合乎公共利益的用水要求。因此，德国严格把控水利工程的环保关，对不符合环保要求的工程一律禁止。在江河的综合治理上，要求工程与环境保护统筹安排，治水的同时是在治理生态环境，营造优美的自然环境①。

5.实行管理现代化

德国水利工程建设与运行管理的自动化程度较高，网络化管理非常普及。德国一向以严谨著称，精简的机构和智能化的管理使各部门、各工作岗位工作效率极高，几乎没有部门之间扯皮的现象。例如，泰戈尔湖供水厂主要为德国首都柏林供水，日供水量达 65 万吨，自动化程度非常高，工作人员只有 70 ～ 150 人。智能化管理对水利工程管理工作人员的综合素质要求很高。在德国，每一名水利工程管理人员上岗前必须取得职业资格证书，然后再经过部门考核后应聘到工作岗位。水利工程各岗位的工作人员定期接受岗位培训，不断接受和更新观念，从而提高了工作能力和水平。

第三节　现代水利工程治理的具体案例

一、辽宁水利工程集团化治理

（一）基本概况

辽宁省是资源型缺水、工程性缺水省份，保障供水对经济社会发展至关重要。省内有大型水库 9 座，供水工程 1 个，分别为大伙房、观音阁、蓓窝、汤河、清河、柴河、闹德海、石佛寺、白石水库及平山供水工程，9 座水库承担沈阳、鞍山、抚顺、本溪、锦州、营口、阜新、辽阳、盘锦、铁岭、朝阳等 11 市防洪及城市生活、工业、

---

① 刘勇毅，孙显利，尹正平 . 现代水利工程治理 [M]. 济南：山东科学技术出版社，2016：146-149.

农业灌溉及生态供水任务；平山供水工程承担为葫芦岛市城市供水任务。

2016年，为进一步贯彻落实新发展理念、"四个着力"要求，辽宁省委、省政府大力推进经营性事业单位转企改制，组建了辽宁省水资源管理集团，使之按照市场经济规律加快发展，化解老工业基地体制机制矛盾，激发创新创造活力，以水资源的可持续开发利用支撑经济社会可持续发展。同时，不断做强做优做大，确保国有资产保值增值。

辽宁省水资源管理集团负责省属水利国有资产经营管理，集团现有子公司18家，分别是辽宁润中供水有限责任公司、辽宁西北供水有限责任公司、辽宁省水利水电勘测设计研究院有限责任公司、辽宁省水利水电科学研究院有限责任公司、辽宁省大伙房水库管理局有限责任公司、辽宁省清河水库管理局有限责任公司、辽宁省葠窝水库管理局有限责任公司、辽宁省汤河水库管理局有限责任公司、辽宁省柴河水库管理局有限责任公司、辽宁省闹德海水库管理局有限责任公司、辽宁省观音阁水库管理局有限责任公司、辽宁省白石水库管理局有限责任公司、辽宁省石佛寺水库管理局有限责任公司、葫芦岛平山供水有限责任公司、辽宁水利土木工程咨询有限公司、辽宁水缘房产物业有限责任公司、辽宁白石水利水电建筑工程有限公司、辽宁省水源地有机渔业有限责任公司。

自组建以来，辽宁省水资源管理集团谋划实施了"供水、能源、投融资、渔业、旅游"五大板块发展战略。营收从14.5亿元增长到21.48亿元，增长48.1%；利润从组建前亏损4.82亿元到盈利1.71亿元，增盈6.53亿元；总资产从504亿元增加到628亿元，增长24.6%。

辽宁省水资源管理集团是辽宁省供水能力最强、供水规模最大、供水范围最广的供水企业，在规划设计、施工组织、科学研究等方面的人才资源丰富。辽宁省水资源管理集团拥有世界上最长有压、无压输水隧洞、亚洲最长的输水管线。两大流域调水工程年设计供水能力39.2亿立方米。9大水库总库容94.82亿立方米（表7-1），其中兴利库容52.76亿立方米。辽宁省水资源管理集团为辽宁省13个省辖市提供优质供水服务，年均供水37亿立方米，约占辽宁省地表水供水能力的50%。

表 7-1　辽宁省省直 9 大水库概况 [1]

名　称	建成年份	控制流域面积/平方千米	总库容/亿立方米	调洪库容/亿立方米	兴利库容/亿立方米	坝　型
大伙房水库	1958	5 437	22.68	12.68	12.96	粘土心墙土坝
观音阁水库	1995	2 795	21.68	7.48	13.85	碾压混凝土重力坝
葠窝水库	1972	3 380	7.91	5.77	4.23	混凝土重力坝
汤河水库	1969	1 228	6.26	2.87	3.58	斜墙土坝
清河水库	1966	2 376	9.68	5.36	5.49	复式断面碾压粘土斜墙砂壳坝
柴河水库	1981	1 355	6.14	3.28	3.36	粘土心墙砂壳坝
闹德海水库	1942	4 051	2.17	2.11	0.41	混凝土重力坝
白石水库	2000	8 167	16.45	7.55	8.70	碾压混凝土重力坝
石佛寺水库	2005	11 436	1.85	1.85	0.18	均质土坝
合计		40 225	94.82	48.95	52.76	

（二）集团化治理成效

1. 解放思想除积弊

组建之初，辽宁省水资源管理集团党委班子团结带领全体干部职工狠抓思想作风建设、狠抓体制机制改革、狠抓企业经营管理。经过一系列的努力，集团确立了供水、发电、投融资、渔业、旅游"五大板块"发展战略，干部职工为企业建言献策2 499 条。2018 年 1 月底，原事业编人员 1 785 人全部签订了企业劳动合同。

2. 挖潜增效促振兴

辽宁省水资源管理集团以所属两大输水、供水工程和 12 座大中型水库连通联调，构建了辽宁省水资源配置格局的骨干体系，可保证 4 个流域、10 个省辖市、61 个县

① 刘勇毅，孙显利，尹正平 . 现代水利工程治理 [M]. 济南：山东科学技术出版社，2016：161.

（区）、2 000 余万人、1.32 万亿元产值、1 500 万亩（10 000 平方千米）农田的防洪安全；可调配地表水资源占全省用水总量的 66.8%，为 13 个省辖市、3 085 万人城市生活、400 万亩（约 2 666.67 平方千米）水田提供用水保障。

供水是辽宁省水资源管理集团目前最大的业务板块，也是收入的主要来源。集团以做精做优供水板块为目标，以"横向到边，纵向到底"为原则，落实水费"月清月结"责任和措施，组建以来累计供水 109.04 亿立方米，水费收取率逐年提高，其中 2017 年工业生活水费收取率达 97.7%，较 2016 年增长 16.5%。同时，辽宁省水资源管理集团着力提升供水能力和服务质量，着力延伸供水产业链，省重点输供水工程全线贯通，自筹 25 亿元的两项应急工程竣工通水，年新增供水能力 4.8 亿立方米；全力推进盘锦全域、沈抚新区等集中供水项目；积极配合内蒙古推进内蒙古支线供水 2 亿立方米项目，实现向域外供水。

以大伙房水库输水工程为例，到 2018 年 11 月 1 日，累计向沈阳、大连、鞍山、抚顺、营口、辽阳、盘锦 7 城市和抚顺石化、鞍钢、辽河油田、北方华锦、华润热电等大型企业安全、稳定供水 40 亿立方米，占各受水对象需水总量的 50% 以上，占部分城市市政供水 90% 以上，有效保障了受水城市 1 400 余万百姓的饮水安全和经济社会可持续发展。在成为辽宁中南部 7 城市和部分大型国有企业支撑性水源的同时，该输水工程成功配合辽宁省大规模压采地下水，有效改善了地下水环境，保护了地下水资源。

3. 优化结构谋发展

辽宁省水资源管理集团 2017 年水费收入占营业收入的 77.5%，其中工业和生活水费收入占营业收入的 75.1%。受自然环境、政策等因素影响，这种单一业务模式其实是集团做强做优做大的瓶颈，因此集团以"抓重点、补短板、强弱项"为原则，优化存量资源配置，扩大优质增量供给，加快集团产业布局优化和结构调整，强化产业与资本双轮驱动，努力实现更高质量、更有效率、更可持续的发展。

辽宁省水资源管理集团整合所属水库电站和调水工程消能电站，总装机 22.42

万千瓦，2018 年发电量 22 959 万度；组建了水能售电公司，开展售电业务；与省能源集团合作建设的柴河光伏发电项运行良好，年发电量 2 100 万度。

辽宁省水资源管理集团发挥引调水工程人力和技术优势，搭建设计咨询人才库，为业务拓展搭建平台；积极开发工程代建领域市场，全力拓展省外市场；进一步拓展水利基础信息大数据、"河长制"大数据、水文大数据业务，努力打造"河长制"信息化领域全省统筹运营平台。

辽宁省水资源管理集团发挥水质优良、适宜养殖水面 40 万亩（约 266.67 平方千米）的优势，组建了渔业公司，建立了投放、管护、捕捞、营销整体化模式，打造水源地野生有机鱼品牌；成功举办了两届冬捕节、开河节，水源地野生有机渔产品获第十五届中国国际农产品交易会金奖，4 个水库有机鱼列入辽宁省名牌农产品，增强了品牌的市场知名度。

辽宁省水资源管理集团发挥芦苇、湿地、林地等旅游资源优势，积极开发水库及周边的旅游资源。以石佛寺水库为例，中化集团与石佛寺水库已签订旅游开发合作框架协议，对水库进行整体开发。2009 年至 2011 年，石佛寺水库实施了生态工程建设，内容包括主副坝林台建设、库区平整、人工岛建设、野生柳树保护、水生植物栽植等项目。其中，芦苇 2650 亩（约 1.77 平方千米），蒲草 1860 亩（1.24 平方千米），荷花 1625 亩（约 1.08 平方千米），各种乔、灌木 19.28 万株。

（三）集团化治理前景

转变发展方式，优化经济结构，转换增长动力，是辽宁省水资源管理集团贯彻落实五大发展理念，统筹推进"五位一体"总体布局，协调推进"四个全面"战略布局，实现企业高质量发展的根本途径。集团认真履行社会责任，对内强化管理，对外勇闯市场。

当前，辽宁省水资源管理集团正向国有资本投资公司转化，全力打造高质量发展的复合型企业，努力实现国有资产保值增值、企业做强做优做大的目标，为辽宁全面振兴、全方位振兴贡献力量[①]。

---

① 王雅洁,余士军,董昕.试论水管单位的集团化管理[J].辽宁行政学院学报,2005(6):100-101.

二、浙江省全面推行水利工程标准化管理

按照水利部强化水利工程管理要求，浙江省坚持"系统治理、建管并重"，2016年启动了水利工程标准化管理 5 年行动计划。经过 3 年的不懈努力，全省共投入资金60 亿元，其中每年运行管护经费 15 亿元，7 600 多处重要水利工程完成创建，占 5年计划的 76%，培育涉水物业化管理企业 703 家，水利工程运行管理标准体系和制度体系基本建立，初步实现了工程管理"制度化、专业化、数字化和景观化"，有效保障了工程运行安全，助推了水利高质量发展。主要做法如下。

（一）定标准，全覆盖

按照"省定标准、分级实施"的原则，浙江省水利部门以水利工程技术标准、管理标准和工作标准为基础，集中制定了水库、海塘、堤防等 11 类工程 12 项管理规程，向省市县三级全域推进，实现了工程类型全覆盖。目前，大中型水库、水电站等5 项管理规程已上升为省级地方标准，小型水库等 4 项规程通过省标准化主管部门评审。省级行业协会出台了《水管单位从业人员行为规范》《物业管理服务能力评价指南》。按照"实用、简便、易懂"的原则，工程管理单位结合实际编制了工作手册，做到工程管理有标可依。

（二）明责任，强监督

浙江省水利部门在推行水利工程标准化管理工作中，突出系统推进，不断深化水利工程产权制度改革，加快推进工程产权登记、确权颁证，共发放产权证书 10 400 余本，依法确定工程所有权和使用权。浙江省水利部门分类梳理管理单位，全面落实责任主体，向社会公告公示；开展水利工程管理事权划分的研究，进一步厘清省市县三级监管权责，突出地方政府责任；高度重视水管单位内部责任的落实，全面推行元素化、程序化管理，力求管护责任到点到人、具体明晰；按照"智慧水利"建设和数字化转型的要求，着力构建水利工程运管平台和标准化管理监督平台。目前，监督平台与全省 7 600 多处工程的运管平台实现数据互联互通。同时，重点建设了大中型水库协同管理平台，有效推进了水库隐患大排查和"三个责任人、三项关键措施"的落实。

（三）抓示范，促引领

按照"先大后小、先易后难，点面结合、典型引路"的原则，浙江省确定 20 个整体推进水利工程标准化管理示范县（市、区），落实 350 个省市县三级样板工程。突出抓好机构人员、管护经费、运行管理、教育培训等环节的落实，重点强化工程环境面貌、运行监管平台建设，努力打造一批符合现代水利发展要求，可复制、可借鉴的工程典型。到 2017 年底，20 个示范县基本创建完成，累计投入创建资金 10.3 亿元，管护经费由原来的 1.8 亿元增加到 3.7 亿元。通过学标杆、找差距，提对策、抓落实，全省形成"比学赶超"的良好氛围，创新了专业化管理、物业化管理、自治化管理等多种模式，带动了工程形象的整体提升和运行水平的全面提高。

（四）建机制，管长远

浙江省政府出台了《关于全面推行水利工程标准化管理的意见》。省编委批复同意水利厅设立科技与标准化管理处，这次机构改革又明确将水利工程标准化管理职责落实到工程运行管理处。同时，将水利工程标准化管理纳入省委省政府"五水共治"考核和对市县年度水利工作综合考核的重要内容。浙江省水利厅还制定了验收管理办法和各类工程验收标准，建立例会会商制度，开展"三百一争"（中央投资计划、省级投资计划、"百项千亿"年度任务百分百完成，省级投资力争再增长 10%）综合督导活动，定点对接，定时督查，确保项目落地、责任落实。目前，6 700 余处工程通过分类、分片或分专业委托给物业化公司管理，仅 2018 年全省购买服务总支出超过 3 亿元。

经过数年的实践，浙江省深刻意识到水利行业监管的重要性。在监管过程中，标准化是有效的抓手，但要抓好、抓到位，让标准化工作落到实处，形成常态化机制。接下来，浙江将进一步加大水利工程标准化管理的力度，实现全省工程标准化管理区域、类别的全覆盖。坚持以标准化推进水利数字化转型，将 10 088 处标准化工程全部纳入数字化转型的重要内容，加快建立全省水利工程数字管理平台，有效提升工程运行和监管效能。同时，持续深化责任落实、资金保障、运行维护和行政监管"四位一体"的长效管护机制，不断巩固标准化创建成果，确保水利工程运行安全可靠、发挥长期效益。

三、山东省构建水利建设市场信用信息平台

山东省水利建设市场信用信息平台（以下简称"平台"）是山东省水利厅结合实施山东省"十二五""金水工程"规划，贯彻落实国家和省关于社会信用体系建设部署的重要举措。

平台对水利建设市场主体信用信息采集、认定、共享、公开、使用及监督管理。2019 年 11 月 25 日，水利部印发《水利建设市场主体信用信息管理办法》。水利部以贯彻落实"水利工程补短板、水利行业强监管"的总基调，加快构建以信用为基础的新型水利建设市场监管体制机制，将《水利建设市场主体信用信息管理暂行办法》（水建管〔2009〕496 号）和《水利建设市场主体不良行为记录公告暂行办法》（水建管〔2009〕518 号）合并修订为《水利建设市场主体信用信息管理办法》。

平台的主要功能是完善市场主体的信用信息记录，对水利从业单位基本信息、资质信息、人员信息、工程业绩、信用评价、获奖表彰等良好行为记录、受到行政处罚等不良行为记录进行公示，具有从业单位人员查询、资质申报公开、信用等级评价、招投标信用档案打印等功能，并设置了失信曝光、黑名单，加大了对违法违规行为的曝光力度，增强了社会监督的作用。

平台设有水利行业建设、勘察、设计、咨询、施工、监理、监测、招标代理、供货、安全评价单位等 10 大类水利市场主体，以及水利建造师、监理工程师、造价工程师、质量检测员、施工企业三类人员等 10 余类水利从业人员，基本涵盖涉水行业的所有参建单位和从业人员。进入山东省水利建设市场的各类市场主体，均须在平台建立网上信用档案，作为承揽水利工程业务的前提，并向社会公开。

平台严格规范水利行业秩序，规定凡是没有在平台上建立信用信息档案并公开的企业，禁止在山东省境内从事水利工程相关建设活动。对平台上公布的市场主体信用信息，全社会都可以查询并监督，对填报失实、存在弄虚作假的企业，可以随时举报

和投诉，一经发现情况属实，将按照有关规定进行惩处。目前，除了不适合公开的信息外，市场主体的基本信息、资质人员、工程业绩、信用记录等数据全部进行了网上公示，全面接受社会监督。

截至 2019 年第 3 季度，在山东省水利建设市场信用信息平台建立信用档案的各类企业已达 3 548 家，主要从业人员 118 072 人，工程业绩 42 004 项，累计采集信用信息数据 98 万条。已公布 2 947 家企业信用档案，主要从业人员 113 107 人，工程业绩 41 584 项。

2014 年试运行以来，山东省水利建设市场信用信息平台成效显著。平台进一步加大信息公开力度，推动信用信息应用，实行守信激励、失信惩戒，建立水利建设市场监督管理长效机制，提高了山东省水利建设领域的诚信水平，促进了水利建设市场公平竞争，为维护水利建设市场秩序做出巨大贡献。

第八章　现代水利工程治理的未来愿景

纵观我国水利工程管理的各个历史阶段，或多或少存在着不成熟、不完善的问题。大部分问题都具有其时代的局限性，受制于技术手段和水平。随着生产力的发展，通过不断地反思和创新，不断地总结和改进，现代水利工程治理的体系框架已经形成。先进的现代水利工程治理技术手段，较完善的现代水利工程治理法律法规，以及大量的现代水利工程治理人才培养，成为现代水利工程治理的最大保障。随着人民群众对水的需求标准越来越高，国家也对水利工程的安全运行和生态环境提出了更高的要求。在治水新思路的引领下，我国水利工程治理工作已经走上了正轨，不断缩小与发达国家水利工程治理水平的差距。

第一节　实现水利工程的安全实施

水利工程的安全运行不仅可以使人们免受洪涝灾害的威胁，还能够产生庞大的社会效益和经济效益。因此，安全合理的水利工程既是维护国民经济发展的重要设施，又是增进人民福祉的基础工程。确保水利工程安全运行，充分发挥现代水利工程的综合效益，是实现水利工程治理现代化的关键。

一、水利工程的防洪安全

水利工程抗洪排险的综合防治能力是众所周知的。为了优化水利工程对洪涝灾害的防治水平，现代水利工程治理的工作思路应从防洪防涝的根本要素出发，按照科学务实的标准，采用合理严谨的方案，保证现代水利工程的防洪效果，并进一步提升水利工程的综合效益。

为达到水利工程的防洪安全目标，现代水利工程须满足以下几点要求。

（一）具备符合实际的水利工程防洪标准

现代水利工程的防洪标准应符合现实的需要，针对各地区不同的地理条件和不同的经济发展状况划分相应的防洪区域。根据可能发生的洪灾级别以及危害程度，综合分析并制定具体的防洪防涝措施。这些措施必须符合国家标准规范，从客观实际出发，保证各地方防洪工作的开展能够真正落到实处。

（二）具备完善的防洪体系

由于我国各流域自然条件复杂，与其配套的防洪防涝体系也存在着差异，因此在水利工程治理的过程中，一定要通盘考虑各个部门的防洪诉求，捋顺复杂的因果关系，从全局角度综合分析防洪体系中各因素的作用，并根据这些因素的影响程度，科学合理地制定最佳的防洪策略。

（三）实现防洪工程的效益评价

防洪工程在降低灾害、保障人民群众生命财产安全的同时，会对防洪区域内的生产生活带来极大的影响，应对这种状况下的防洪效益进行综合评价。结合历史数据中的典型洪水数据进行综合评估，充分辨析发生洪灾的损失与地方经济增长之间存在的关系，从数据上计算经济效益，最终将计算结果作为防洪工程效益的一部分，纳入防洪工程的效益评价体系。

二、水利工程的供水安全

实现水利工程的供水安全，主要有以下几个方面的要求。

（一）形成安全稳定可靠的供水机制

用水管理指的是应用长期供求水的计划、水量分配、取水许可制度、收取水费和水资源费、计划用水和节约用水等手段，对地区、部门、单位以及个人使用水资源的行为进行有效管理，实现高效用水、合理用水。实现高效用水、合理用水的关键在于具备安全稳定可靠的供水机制。对于水利工程供水而言，应依据工程自身实际情况，制订科学合理的供水计划，充分考虑各流域范围内的水资源供求关系与用水矛盾，将供水总量维持在一定合理的范围内。

依据取水许可制度，规范取水申请、审批、发证程序，将用水监管措施落实到位，对社会用水进行有效控制，打开合理开发利用水资源的新局面。通过收取水费和水资源费强化水资源的社会价值和经济价值，促进形成良好的用水理念和节水意识。通过切合实际的计划用水需求分析，在水量分配宏观控制下，结合水利工程当年的预测来水量、供水量、需水量，制订年度供水计划，合理满足相关供水需求。

（二）形成完善的水质安全保障体系

灵活把握水质保护的宣传方式方法，提高群众对水源地水体的保护意识，提高群众保护水源的自觉性，有效制止和减少群众污染水源地的行为。制定完善水体污染防治标准和制度，从严控制在水源地保护区内新上建设项目。落实水源地保护队伍，强化水源地治安管理。建立健全规章制度，规范水源地保护措施。依据有关要求，实施好水质监测工作，对需要监测的水质进行定期监测和分析，发现水质异常时及时采取各种措施，确保水质达标。

（三）完善供水应急处理机制，保障供水安全

按区域划定应急水源地，并将水源地类别进行划分，根据缺水程度相继启动应急处理措施。若水源地严重短缺时，严格实行控制性供水，根据地方发展需要及用水需求划定缺水期的供水优先级别，如优先保障城市居民生活用水。城市枯水期供水的优先级如下：首先满足生活用水、生态用水，其次是副食品生产用水，再次是重点工业用水，最后是农业用水。主要耗水工业实行限量分时段供水或周期性临时停产。同时，制定水资源保护、城市饮用水水源地保护等规划，对如何保护水资源、防治水污染和涵养水土进行全面界定，有效减少枯水期水污染出现的频度，改善水生态环境，增加河流基量。建立水资源流域统一管理机制，实行水利工程统一调度和水资源的统一配置，提高资源配置的自动化水平和科技含量，提高水资源的使用效率。提高枯水

年份水文中长期预报能力、时效和可信度，缓解供水需求。

三、水利工程治理的应急机制

（一）水利工程安全管理的预警机制

大中型水利工程逐一建立预警机制，对小型水利工程以乡镇为单位建立预警机制。水利工程安全预警机制的内容主要包括预警组织、预警职责、风险分析与评估、预警信息管理等。水利工程管理单位内部设立安全预警工作部门，并按照相关职责分别负责警况判断、险情预警、危急处置等相关工作。水利工程管理单位安全预警工作部门每月进行一次安全管理风险分析、预警测算、风险防范、警况处置和预警信息发布，并依据分析研判结果上报当地政府或水利主管部门。水利工程安全管理预警指标体系可从水利工程安全现状、视频监控、应急管理等方面预警，二级指标包括水利从业队伍安全意识与行为、水利工程设备设施运行状况、水利工程重点部位运行状态、水利工程安全环境、水利工程安全管理措施、人员队伍安全培训、视频监控力量、视频监控效果、应急处置力量、险情风险分析、安全事故防范、应急预案等多个方面[①]。

（二）水利工程安全管理的预报机制

各级水行政主管部门结合水利工程安全管理实际，设立水利系统内安全管理预报部门，负责水利工程安全预警工作的监督管理、水利工程安全管理预警信息等级测算、水利工程安全管理预报信息管理与发布、水利工程风险管理与事故防范工作的督促指导等工作。各级水行政主管部门定期进行水利工程安全管理综合指数测算和预报信息发布。具体水利工程安全管理预报指标体系可从水利工程重点部位、重大安全事故、应急管理等方面预报。二级指标包括水利工程重点部位安全指数、预计危害程度、实际监控状况、历史运行状态、事故发生概率测算、水利技术等级、实施设备新旧程度、实际操控信息化水平、危机应急预案、日常应急演练开展等多个方面。

---

① 杨超．水利工程管理中存在的问题及改善建议 [J].科技创新与应用,2016(4):226.

（三）水利工程安全管理预警预报的管理机制

建立健全完善的预警管理制度，各级水行政主管部门负责对水利工程管理单位从业人员组织安全管理培训，协助具体部门、单位进行安全预警预报及安全生产政策咨询。同时，为水利工程安全管理预警机制的管理提供法律法规支撑。在相关法律规章中，明确规定各有关单位在水利工程安全管理预报机制及安全管理预警机制中的责任和义务，明确界定相关部门的职能和权利。各级水行政主管部门有义务和责任对本区域内的重点水利工程安全状况进行调查、登记、分析和评估，并对重点工程进行检查、监控。水利工程管理单位自身应具备健全完善的安全管理制度，定期进行安全隐患排查和防范措施的检查并接受相关部门的监督检查[①]。

第二节　实现水利工程的良好运行

水利工程是用于控制和调配自然界地表水和地下水的重要工程设施，是应对水资源管理、实现兴利除害目的的重要保障。水利工程的运行管理是一个由水资源、社会、经济、管理等多个不同子系统和不同层面问题构成的复杂系统。水利工程的正常运行主要是指水利工程设施完好及其功能正常发挥，水利工程建成后不仅能够按照规划设计要求发挥其应有的作用和效益，还能得到良好的建后治理维护，直至工程寿命终结。因此，实现水利工程良好作用的发挥，必须以标准的工程维护、规范的工程运行、到位的水行政执法为保障和基础。

一、水利工程管理标准化

对水利工程进行科学管理，正确运用，确保工程安全、完整，充分发挥工程和水资源的综合效益，逐步实现工程管理现代化，是促进工农业生产和国民经济发展的重要前提。对水库、河道、闸坝等水利工程的土石混凝土建筑物，金属、木结构，闸门

---

① 刘勇毅,孙显利,尹正平.现代水利工程治理[M].济南:山东科学技术出版社,2016:175.

启闭设备，机电动力设备，通信、照明、集控装置及其他附属设备等，必须按照相应标准进行管理。标准化的水利工程管理是实现水利工程良好运行的前提，也体现了现代水利工程治理的精神。

为强化水利工程管理，使水行政主管部门工作有法可依，国家出台了一系列法律法规，保障和谐用水、安全用水。这些法律法规的出台为水利工程的管理工作提供了法律依据，也为制定标准化管理细则提供了方向。水库、河道、闸坝等水利工程应根据相关法律法规健全完善实施细则，实现标准化治理。

水利工程标准化管理的具体做法如下。

（一）理清管理事项

理清管理事项是实现标准化管理的前提，只有确定工程的管理事项，才能合理安排工作，才能确保各项管理工作有条不紊地开展。

工程管理应根据具体工程实际，逐一梳理工程的巡视检查、安全监测、运行管理、维修养护等管理工作，尽可能细化管理事项到最小单元，如大坝巡查岗的管理事项可划分为日常巡查、汛前汛后检查、特别检查、编制检查报告等。环境卫生岗的管理事项可划分为建筑物保洁、水面保洁、庭院保洁等。对于建筑物保洁中的护坡草皮养护，主要事项应包括草皮的修整、补植、清杂、浇水、施肥等。堤防巡查岗的管理事项可划分为水政巡查、堤防及堤岸防护工程检查、穿堤建筑物的运行检查、白蚁防治检查、通信设备及系统运行检查、防汛物资管理等，从而确保工程管理事项明细到位，促进各项管理工作有序开展，确保事项清晰。

（二）明确管理标准

明确管理标准有利于把握工程管理目标，有助于定期检查目标的进展情况，确保标准化管理工作有章可循，有据可依。

结合确定的管理事项，明确各事项管理标准，确定工作目标。无论工程巡视检查、维修养护，还是机电设备操作，每项管理事项均需对应一个标准，明确一个目标，如"坝体养护应达到坝体平整，无积水、无杂草""护坡草皮应经常修整、清除杂草，保持完整美观，草枝高度不得超过 30 厘米""非汛期日常巡查频次每周不得少于 1 次，巡查坝顶有无裂缝、异常变形、积水或植物滋生现象"等，既是某项事项的管理标准，又是该事项的管理目标，要将工程管理标准具体细化到每一个任务每一个程序中，只有对照标准要求开展工作，每项管理事项才能达成各自目标要求，工程整体目标才能得以实现，做到目标清晰。

（三）规范管理程序

程序是规范工程管理的基础，能够极大提高管理成效，提升工作效率。按照确定的管理标准制定各项工作管理制度和具体可操作的操作程序，如巡视检查的路线及流程、闸门启闭机的操作规程、变形监测工作流程、监测资料整编分析流程、安全生产事故处理流程、柴油发电机运行操作流程、水库调度运行规程等都属于具体的管理操作方法、程序，保证每一个管理事项均明确运行流程和作业方法、步骤，做到流程清晰。

（四）科学定岗定员

根据管理事项的管理标准及操作程序，按照"因事定岗"原则，对每个一线岗位进行科学、合理、准确的工作量测算，可以以单次工作耗时为基准，测算岗位全年所需工作量，依据工作量测算结果合理设置岗位，可"一人一岗"，也可"一人多岗"，制定"岗位一事项一人员"对应表，内容应覆盖工程管理的全部事项，做到事项到岗、责任到人。例如，护坡杂草清理工作，按照草高控制在 30 厘米以内的标准进行作业，每人每小时可作业面积在 125 平方米左右，再依据护坡实际面积计算所需工时和人员，以此测算全年的工作量。再如，日常巡视检查工作，按照非汛期每周 1 次的频次进行作业，根据每次巡视检查消耗的工时及人员测算全年的工作量，再依据测算的工程量设置岗位，安排人员，做到合理分工。

管理单位应依据测算的工作量和各类耗材消耗量，结合当地价格水平估算工程日常养护所需经费，由各级水行政主管部门报请当地政府予以经费保障，建立长效经费保障机制，并鼓励采取政府购买服务方式，逐步实现"管养分离"的管理模式。

（五）建立激励机制

建立合理的奖惩激励机制，促使管理人员在日常管理中高质量、高标准地履职尽责。形成"人人肩上有担子，个个身上有压力"的工作氛围，把职工的切身利益和工程管理成效紧密联系起来，实行工作成效与收入分配、职称晋升、进退走留相挂钩，有效解决干部职工"干好干坏一个样，干多干少一个样"的现象，打破长期吃"大锅饭"的局面，鼓励、鞭策干部职工想干、肯干、多干，实现多劳多得、少劳少得、不劳不得，做到奖罚分明。

（六）严格考核评价

建立考核监督机制，做到层层有考核，结果有应用，鼓励先进，鞭策后进。通过考核，评价既定管理事项是否清晰、管理标准是否合理、工作程序是否规范、定岗定员是否科学、奖惩激励是否有效，最终检验工作成效是否显著，实现管理"六步法"整个过程的闭合反馈。

管理单位内部应制定检查考核办法，实行定期考核与不定期检查、随机检查相结合，明确考核标准、检查措施、结果运用等，将管理考核作为绩效奖励、评先评优、提拔降职的重要依据，逐步优化完善管理事项、管理标准、工作程序、定岗定员及激励机制。

各级主管部门应建立考核结果奖惩及监督机制，加强督查通报，正确运用考核结果，做到奖优罚劣，并将管理考核结果与经费安排挂钩。

在水利工程标准化管理中，理清管理事项是前提，明确管理标准是关键，规范管理程序是重点，科学定岗定员是保障，建立激励机制是动力，严格考核评价是措施，承上启下，环环相扣，是水利工程标准化管理的基本要求。

二、水利工程运行的规范化

为全面提高水利工程管理水平，充分发挥水利工程的综合效益，相关部门应重视水利工程规范化管理，从全局出发，为做好水利工程管理工作提供重要保障。

（一）充分认识加强水利工程规范化管理工作的重要性和紧迫性

水利工程是国民经济和社会发展的重要基础设施，是保障和服务民生的重要物质载体。加强水利工程规范化管理，有效提高水资源供给、水灾害防御和水生态保护三大安全保障能力，是经济社会发展的迫切要求。但不能忽视的是，水利工程管理仍存在不少困难和问题，与经济社会持续快速发展的需要不相适应。水管体制改革后，各项政策措施真正落实到位的任务仍很繁重，改革仍需向宽领域、深层次方向推进；大量水利工程由于管理经费不足得不到正常的维修养护，工程老化损毁和效益衰减严重；工程综合管理措施和技术手段落后，制约着工程效益的发挥。因此，必须从加强规范化管理入手，切实提高水利工程管理的能力和水平，最大限度地发挥水利工程的综合效益。

（二）水利工程规范化管理的目标任务和基本原则

1.水利工程规范化管理的目标任务

水利工程规范化管理的目标是建立"体制理顺、机构合理、权责明确、运行高效、良性发展"的水利工程管理体系，全面提升各项工作水平。重点任务是加强日常管理，落实责任体系，实现管理常态化；制定管理标准，完善规章制度，实现管理标准化；健全组织机构，强化队伍建设，实现管理专业化；加强信息化建设，提高装备水平，实现管理现代化；推行管理考核，建立激励机制，实现管理目标化。

2.水利工程规范化管理的基本原则

（1）坚持建管并重

要在水利工程规划设计、立项审批、施工建设、竣工投产等全过程，统筹考虑工程建成后运行管理保障措施，不断加大工程管理投入力度，为工程的良性运行和可持续发展奠定基础。

（2）坚持分步实施

要根据经济社会发展和工程管理现状，明确不同阶段的工作目标和具体措施，有计划、分步骤地组织实施，稳步推进水利工程规范化管理。

（3）坚持分类指导

要根据河道堤防、水库、拦河闸（坝）、泵站、灌区、供水（调水）工程等不同工程的类别特点，制定相应的管理和考核标准，并严格实施，科学推进水利工程规范化管理。

（4）坚持严格考核

要实行管理考核制度，并将管理考核纳入绩效考核体系，建立与考核相适应的奖惩激励机制。

（三）具体工作措施

1. 强化组织管理

要积极引入竞争机制，实行竞聘上岗，建立合理有效的分配激励机制。加强队伍建设，提高管理队伍的整体素质和专业化水平。

2. 强化安全管理

强化防洪安全管理，全面落实防汛责任制，健全防汛办事机构，做好汛前检查，编制和完善防洪预案，落实防汛物资储备和抢险队伍建设，建立健全防汛值班、预警预报、应急抢险、事后处置等各项制度，确保度汛安全。

3. 强化运行管理

各水管单位要强化工程日常管理，有效落实管理责任。建立和完善内部考核监督机制，严格内部检查通报制度，确保工程管理责任和日常管理工作得到落实。加强工程管理自动化、信息化建设，不断提高水利工程管理的现代化水平。

4. 强化经济管理

各级水利部门要充分落实工程运行和管理保障措施，加大工程管理投入力度。在确保防洪安全、用水安全和生态安全的前提下，制定水土资源开发利用规划，合理有序地开发水土资源，充分发挥水利工程的综合效益，保障水利国有资产的保值增值。

（四）加强管理考核，严格奖惩措施

各级水利部门要将管理考核作为水利工程规范化管理的重要内容来抓，通过管理考

核，全面推进规范化管理，并将管理考核与奖惩措施挂钩。各级水利部门和各水管单位要将管理考核纳入本系统本单位年度目标责任考核范围，对考核结果逐年通报，并作为评先创优的依据，建立与管理考核相适应的奖惩机制。各省水利厅应根据各市水利工程规范化管理组织情况和管理考核结果，建立与省级以上项目资金挂钩的长效机制。

三、水利工程保护的法规化

（一）完备的水行政执法队伍

水行政执法是依法行政、依法治水的重要内容，是水利事业科学发展、跨越发展的根本保障，事关民生水利、资源水利、生态水利效益的正常发挥。推进水行政执法工作，有利于整合执法力量，严格执法行为，减少执法矛盾，降低执法成本，提高执法能力和效率。水行政执法队伍作为执法的关键和基础，始终在维护正常水事秩序方面发挥着重要的保障作用。一是建立健全水行政执法机构。整合内部执法资源，相对集中执法职能，建立专职水行政执法队伍，调整充实专职水行政执法人员，逐步实现执法队伍的专职化和专业化。二是规范队伍建设。执行水行政执法人员审查录用和培训考核上岗制度，禁止临时聘用社会人员承担水行政执法任务，建立健全层级培训任务和培训体系，采取岗前培训、执法培训、学历教育等形式，不断提升水行政执法队伍的法律素质和业务水平。三是提高执法能力。按照岗位责任制、执法巡查制、考核评议制、过错追究制等有关方面的执法制度，严格内部管理，开展层级考核，并通过研讨交流，逐步改进和规范执法行为，提升执法工作效能。

（二）完善的水利工程执法制度体系

一是对水利工程完成确权划界。根据《中华人民共和国水法》（以下简称《水法》）《中华人民共和国防洪法》《水利工程管理考核办法》的相关规定，在确权划界工作中，水管部门必须遵循"尊重历史、兼顾现实、依法划界、依据确权"的原则，加强水行政执法，规范管理，确保水利工程安全运行和兴利效益的实现。

二是对水利工程管理与保护范围内有关活动进行限制。依据《水法》第四十三条的规定，国家对水工程实施保护。国家所有的水工程应当按照国务院的规定划定工程管理和保护范围。国务院水行政主管部门或者流域管理机构管理的水工程，由主管部门或者流域管理机构商有关省、自治区、直辖市人民政府划定工程管理和保护范围。前款规定以外的其他水工程，应当按照省、自治区、直辖市人民政府的规定，划定工程保护范围和保护职责。

三是对水利工程保护范围内有关活动予以禁止。《水法》第四十三条规定，在水工程保护范围内，禁止从事影响水工程运行和危害水工程安全的爆破、打井、采石、取土等活动。

四是对有关限制或禁止的行为依法追责。对违反水利工程保护和管理法律法规的行为，根据有关规定予以不同程度的行政处罚。

（三）完整的水利综合执法机制

结合水行政执法工作实际，逐步建立健全综合执法、区域协调、部门联动、监督制约等机制体制，规范综合执法工作平稳运行，形成职能统一、职责明确、部门协作、民主监督的良好局面。建立综合执法机制，将水资源开发保护、河道采砂管理、水事纠纷调处、涉水工程审查等职能相对集中明确到具有执法主体的相关部门和水行政执法机构，集中、协调、统一开展水利综合执法。稳步建立区域协调机制。按照条块结合、属地管理的原则，充分发挥区域和流域作用，强化属地水资源、防洪安全、河道采砂等方面的管理，通过经常巡查、定期协商和召开座谈会等方式，妥善处理和预防水事案件的发生。积极建立部门联动机制，在推进综合执法过程中，各级水利部门在协调好内部关系的同时，协调公安、国土、工商、财政等部门，在水行政审批、行政处罚、行政征收和监督检查等方面给予大力支持和配合，形成部门联动机制，为水利综合执法工作提供有力的保障和支持。有效建立监督制约机制，结合不同岗位的具体职权，制定执法工作流程，分解执法责任，使每个执法人员都能明确自己的执法依据、执法内容、执法范围、执法权限。不断健全内部约束和社会监督制约机制，所有执法行为均接受社会各界及新闻媒体监督，形成内外结合、运行有力、监督有效的执法管理制度。

第三节 实现水利工程的生态理念

一、生态水利工程

（一）生态水利工程的定义

生态水利工程是指在保护河流水系生态系统结构和功能稳定的前提下，持续为经济社会提供生态维护、防洪、供水、发电、航运等服务功能，并传承、弘扬生态文化的水利工程。

（二）生态水利工程的特点

水是人类日常生活中不可缺少的珍贵资源，因此，我们要想更好地节约水、利用水，就要修建生态水利工程（图8-1）。未来的水利工程在权衡水资源开发利用与生态环境保护这两者的关系方面，理性地寻找资源开发与生态保护之间的平衡点。从河流生态建设的全局看，生态水利工程将与河流环境立法、水资源综合管理、循环经济模式以及传统治污技术一起，成为河流生态建设的主要手段之一[①]。

图8-1 生态水利工程——江津天胜水库

---

① 张婉婉. 生态水利工程设计若干问题的探讨 [J]. 山西农经,2018(14):71.

生态水利工程的特点如下：

（1）有很强的综合性和系统性

单项水利工程是同一流域、同一地区内各项水利工程的有机组成部分，它们相互联系，相互制约。水利工程与其他国民经济紧密相关，系统地、综合地进行分析研究才可以获得最佳方案。

（2）对环境有很大影响

水利工程不但对所在地区的经济和社会产生影响，而且影响着江河湖泊以及附近地区的生态环境和区域气候。这种影响有利也有弊。设计规划时一定要进行充分的估计，消除弊端，充分发挥水利工程本身的积极作用。

（3）工程条件复杂

建设水利工程的任务难度大，很难把握自然条件下对施工建设的影响，工作条件较其他建筑物更为复杂。

（4）水利工程的效益具有随机性

每年的水文状况都不会完全相同，所以效益也不相同。因此，想要制定合理的水利工程机制，就必须统筹兼顾，以减少不利影响，实现经济、社会、环境效益的最大化。

（5）水利工程要按程序和标准进行

水利工程一般规模大，技术复杂，所需资金较多，工期长，所以施工时一定要充分考虑到工程的实际环境和需求，按照基本建设程序和有关标准进行。

二、生态水利工程的管理

现代水利工程除了灌溉、发电外，还与防洪、城市供水、渔业、船运、生态环境等多个方面息息相关。根据现代水利工程治理的理念，生态水利工程管理是指围绕着水利工程涉及环境内容的综合管理。在空间上，管理工作体现在水利工程本身及工程周边环境问题、水源地的环境问题、效益区域的环境问题等方面；在时间上，管理工作体现在贯穿水利工程生命周期中的规划设计、建设施工、运行管理等方面。相关单位应对水库、河道等水利工程的生态管理做到任务明确、指向正确，加大对生态水利工程工作的重视程度。

生态水利工程的具体工作需要做到以下几点。

（一）强化水生态空间管控对水利工程的引领与约束作用

当前我国大力推进"多规合一"战略部署，加快构建国家空间规划体系。以主体功能区规划为基础的空间规划是科学谋划经济社会发展新蓝图和生态文明建设的关键环节与重要支撑。水利规划应全面统筹水生态空间管控、水生态廊道体系建设、水利基础设施网络体系建设和水利综合管理等，积极发挥水利在"多规合一"空间规划中的核心构成与基础支撑作用，在水生态空间管控上做到先行引领、强化生态环境保护约束。

水利规划包含对水资源利用总量、水环境质量、水生态空间保护与利用等多方面的顶层谋划，与涉水的农业、城镇、交通航运、林业等各部门密切相关。这就要求水利规划贯彻国家生态文明建设的新理念、新思想、新战略，更新水利规划相关内容，强化水生态空间管控对生态水利工程的引领和约束作用。

（二）明确重要河湖生态环境保护布局与保护目标，合理布局水利工程

按照生态文明建设、全面推行河长制湖长制、构建河湖水系生态廊道等要求，确定重要江河湖泊流域生态结构的基本要素以及不同河段的生态功能；根据生态功能定位提出生态环境保护的总体目标和阶段目标。

结合江河湖泊的水资源禀赋条件、开发利用格局和生态水系廊道建设要求，坚持生态优先、整体施策，流域上下游、干支流统筹协调，点、线、面全方位把握，研究提出不同江河湖泊、不同河段环境保护措施的总体布局，为确定水利工程建设的生态主导功能提供依据，同时引导水利工程建设的合理布局①。

（三）制定水利工程规划设计生态建设标准体系，使水利工程承担生态功能

按照生态文明建设的理念和要求，全面更新水利工程规划设计建设标准体系，加快推广环境友好的新技术、新工艺、新材料、新设备、新管理运用，提升水利工程规

---

① 王红霞.浅谈生态水利工程设计在水利建设中的应用[J].中国标准化,2019(22):115.

划设计质量和效益；转变以往偏重经济效益最大化的思想，把生态环境保护作为前提条件，把环境影响最小化作为工程设计的重要目标；加强重大生态影响研究，切实减缓工程建设对河湖水文情势、水环境质量、水系连通性、重要生境及生态功能的影响；减少资源消耗与生态损耗，强化水利工程建设方案的节水、节地、节能、节材等要求，在水利工程规划设计建设中，强制要求水利工程承担生态功能维护的基本义务。

（四）科学有序推进已建水利工程生态化改造，使受损的生态功能得以修复

科学深入评估已建水利工程与生态环境保护需求之间的差距，突出问题导向，在修复受损生态系统的基础上，按照"确有需要、因地制宜、量力而行、分步实施"的原则，科学有序地推进已建水利工程生态化改造；研究制定水利工程生态功能修复、提升改造的分类标准，依据标准将已建工程按无需改造、生态化改造、拆除等类别进行划分。

对生态功能影响较大且无法实施改造的工程，科学论证选择替代方案。按照河流生态水量保障、敏感生境保护修复、河流纵向连通性恢复、面源污染治理与防控、岸线生态改造等具体功能要求进行必要的改造，有针对性地修复生态受损河湖水系的生态功能。

（五）全面提升水利工程科学调度与监控管理水平，将水利工程生态功能落到实处

充分利用互联网、云计算、大数据、物联网等技术手段，强化并融合对江河、湖泊生态状况与水利水电工程的系统化监测与监控，完善河湖生态流量信息监测体系，加快搭建水利工程基础信息平台，研发升级以流域为单元的水利调度管理应用软件系统，提高水库、水电站等精细化生态调度管理水平。通过智慧、智能管理手段，将水利工程的生态功能作用落到实处。

（六）系统研究水文化的内涵及传承方式，提升生态文化的价值地位

我国的水系分布与利用既是大自然的鬼斧神工，更深深烙下人类与水共生的印迹。因此，在水利工程建设的同时，有必要系统研究与生态有关的水文化的内涵，以水利工程传承文化，将水文化融入人类生态文明价值观中，经久传承。

（七）构建水利工程生态经济产业体系，提高水利工程自我"造血"机能

水利工程也具有生态经济服务功能，水资源是推动经济社会发展不可或缺的资源，其供水、灌溉、航运、发电、水产、旅游等功能可形成经济社会所需要的水产品，具备建立水生态经济产业的条件。

要想充分发挥水资源在市场经济体系中的调配作用，就要从资源利用的角度研究水利工程生态经济产业体系。将水利工程与生态产业发展、区域扶贫相结合；将水利经济与生态农业、生态旅游相结合；将防洪工程与城市景观、生态廊道和保护相结合。分析不同类别的水产品市场，研究水产品生产投入与产出的关系，合理确定水产品和水服务的供给价格体系，拓宽水工程建设资金来源，保障水产品和水服务成本回收，增强生态水利产业良性可持续发展的内生动力，实现水利工程经济效益、社会效益与生态效益共赢。

（八）深入研究水利工程建设体制机制，建立生态长效保障运行机制

新建以及已建水利工程的生态化改造不能采取一蹴而就的运动式推进，需要创新工程建设体制以及运行管理机制，确保发挥水利工程生态功能的长效作用。

构建支撑水利工程建设的科技创新体系，完善科研单位、高校、企业等各类创新主体协同攻关机制，开展以水利工程生态服务功能为重点的科技联合攻关。健全河湖水生态保护和修复制度，建立水利工程生态功能评价体系和认定机制。建立完善与河湖水系保护相关的生态补偿政策，加大对水利工程生态功能建设的财政支持力度，整合使用现有各类与山水林田湖草保护修复相关的资金，合力推进水利工程生态功能的落实。建立水利工程生态功能运行管理的长效机制，实现水利工程生态功能良性运行，确保生态功能可持续发挥作用。

三、创新水利工程生态管理制度

（一）实行最严格的水资源管理制度

1.方向指引

《中共中央关于制定国民经济和社会发展第十三个五年规划的建议》明确提出，

"实行最严格的水资源管理制度，以水定产、以水定城，建设节水型社会。"这是党中央在深刻把握我国基本国情水情和经济发展新常态，准确判断"十三五"时期水资源严峻形势的基础上，按照创新、协调、绿色、开放、共享的发展理念，针对水资源管理工作提出的指导方针和总体要求。

2. 三条红线

（1）确立水资源开发利用控制红线，到 2030 年全国用水总量控制在 7 000 亿立方米以内。

（2）确立用水效率控制红线，到 2030 年用水效率达到或接近世界先进水平，万元工业增加值用水量降低到 40 立方米以下，农田灌溉水有效利用系数提高到 0.6 以上。

（3）确立水功能区限制纳污红线，到 2030 年主要污染物入河湖总量控制在水功能区纳污能力范围之内，水功能区水质达标率提高到 95% 以上。

3. 四项制度

（1）用水总量控制

加强水资源开发利用控制红线管理，严格实行用水总量控制，包括严格规划管理和水资源论证，严格控制流域和区域取用水总量，严格实施取水许可，严格水资源有偿使用，严格地下水管理和保护，强化水资源统一调度。

（2）用水效率控制制度

加强用水效率控制红线管理，全面推进节水型社会建设，包括全面加强节约用水管理，把节约用水贯穿经济社会发展和群众生活生产全过程，强化用水定额管理，加快推进节水技术改造。

（3）水功能区限制纳污制度

加强水功能区限制纳污红线管理，严格控制入河湖排污总量，包括严格水功能区监督管理，加强饮用水水源地保护，推进水生态系统保护与修复。

（4）水资源管理责任和考核制度

将水资源开发利用、节约和保护的主要指标纳入地方经济社会发展综合评价体系，县级以上人民政府主要负责人对本行政区域水资源管理和保护工作负总责。

（二）确定农田水利工程的水权制度

水权制度就是通过明晰水权，建立对水资源所有、使用、收益和处置的权利，形成一种与市场经济体制相适应的水资源权属管理制度，这种制度就是水权制度。水权制度体系由水资源所有制度、水资源使用制度和水权转让制度组成。水资源所有制度主要实现国家对水资源的所有权。地方水权制度建设主要是使用制度和转让制度建设。一般情况下，水权获取必须由水行政主管部门颁发取水许可证并向国家缴纳水资源费。

为严格水资源管理制度，需对水权进行合理界定，并建立严格的监管机制。明确水利工程的水权问题关系到国计民生，与人民群众的利益息息相关。

在我国现行法上，土地为一类物，地上建筑物为独立于土地的另一类物，两者分别属于土地所有权、建筑物所有权的客体。由于我国的水利工程涉及范围广，具体情况比较复杂，其所有权需要视情况而定。在投资者只有国家的情况下，水利工程归国家所有。例如，葛洲坝水利枢纽工程、长江三峡水利枢纽工程等重要水利工程由国家投资兴建，其所有权归国家。根据 2016 年 7 月 1 日开始施行的《农田水利条例》第五条规定，国家鼓励和引导农村集体经济组织、农民用水合作组织、农民和其他社会力量进行农田水利工程建设、经营和运行维护，保护农田水利工程设施，节约用水，保护生态环境；第三十五条规定，农田水利工程建设实行政府投入和社会力量投入相结合的方式。因此，基于对农田水利工程"谁投资、谁拥有""谁拥有、谁受益"的原则，农田水利工程的投资者、经营者优先使用水，同时国家依法保护农田水利工程投资者的合法权益。

（三）确立水资源有偿使用制度

水资源有偿使用制度是指在水资源开发利用中，向水资源开发利用者或水资源使用者收取一定费用的制度，包括水资源费制度和水价制度。水资源所有者和水资源开发利用部门通过出让水资源使用权或提供商品水，而收取一定的费用，用于补偿水资源规划、开发、利用、治理和保护成本，并获取资源收益和合理的经营利润[1]。

水资源有偿使用制度是《水法》明确的重要水资源管理制度，是全民所有自然资源有偿使用制度的重要组成部分。为落实《国务院关于全民所有自然资源资产有偿使用制度改革的指导意见》（国发〔2016〕82号）的要求，加快健全和完善水资源有偿使用制度，进一步推进水资源有偿使用制度改革，促进水资源可持续利用，水利部、国家发展改革委、财政部于2018年发布《关于水资源有偿使用制度改革的意见》（水资源〔2018〕60号）。具体内容如下：

1. 明确水资源有偿使用制度改革的总体要求

认真贯彻落实党的十九大精神，以习近平新时代中国特色社会主义思想为指导，坚持人与自然和谐共生，树立和践行绿水青山就是金山银山的理念，按照节水优先、空间均衡、系统治理、两手发力的新时代水利工作方针和水资源水生态、水环境、水灾害统筹治理的治水新思路，全面落实最严格水资源管理制度，严守水资源管理三条红线，健全水资源费征收制度，严格水资源费征收管理，推进水资源税改革试点，引导和鼓励开展水权交易，切实发挥水资源有偿使用制度对水资源节约、保护与合理开发利用行为的调节引导作用，促进水资源的可持续利用，保障经济社会可持续发展。

2. 全面落实最严格水资源管理制度

严守水资源开发利用控制、用水效率控制、水功能区限制纳污三条红线，加强水资源监控，建立健全水资源承载能力监测预警机制，加快建立严控区域用水超载、严控河湖开发超限、严控地下水超采、严控行业用水超定额的水资源管控体系，切实将各类开发利用活动控制在水资源承载能力以内，保障江河的基本生态水量（流量），维持湖泊、水库以及地下水体的合理水位，维护水体生态功能，促进经济发展方式和用水方式的转变。大力实施国家节水行动，推进水资源节约和循环利用，以落实《"十三五"水资源消耗总量和强度双控行动方案》为重点，以落实全民节水行动、推进县域节水型社会达标建设为抓手，全面推进各行业节水，建设节水型社会。通过一

---

[1]　张妍平. 我国水资源有偿使用法律制度研究 [D]. 合肥：安徽大学,2019.

系列严格管控措施和三条红线的倒逼作用，有效推进水资源有偿使用制度改革。

3.合理调整水资源费征收标准

各有关省（自治区、直辖市）要综合考虑当地水资源状况、经济发展水平、社会承受能力以及不同产业和行业取用水等差别和特点，合理制定和调整水资源费征收标准。要支持合理用水、低消耗用水，鼓励水资源循环利用，规定限额内的农业生产取水不征收水资源费，超过规定限额部分从低征收水资源费；对本企业回收利用的疏干排水、地源热泵取用水从低确定水资源费征收标准；对取用污水处理再生水的免征水资源费。要大幅提高地下水特别是水资源紧缺和超采地区地下水的水资源费征收标准，超采地区和严重超采地区取用地下水的水资源费征收标准要按照非超采地区标准的2～5倍确定；严格执行超计划或超定额取水累进收取水资源费政策，除水力发电、城市供水企业取水外，对超计划或者超定额的取用水量可在原标准基础上加1～3倍征收。具体征收标准由各省（自治区、直辖市）物价、财政、水行政主管部门结合本地实际确定；各省（自治区、直辖市）可根据各市县水资源条件和地下水开采情况等，在本辖区内区分不同区域制定差别化的水资源费征收标准。

4.严格水资源费征收管理

要按照规定的范围、对象、标准和程序征收水资源费，不得重复征收水资源费，不得擅自扩大和缩小征收范围、提高和降低征收标准、超越权限收费。除规定的减免政策外，各地区不得擅自减免、缓征或停征水资源费，对违规减免的要予以纠正，确保应征尽征。严格取用水计量，规范计量设施安装运行，积极推行在线监控。未安装计量设施的、计量设施不合格或者运行不正常的，要按照日最大取水能力计算的取水量计征水资源费；对农业用水等暂无法直接计量的，积极探索"按电计量、以电折水"或其他可行的核定水量的方式方法。强化水资源费征收事中事后监管，结合水资源费征收工作实际，推动"双随机一公开"的监管方式，定期开展水资源费征收检查，确保应收尽收。水资源费征收管理改革涉及新疆生产建设兵团的有关事宜，按照党中央、国务院关于新疆生产建设兵团深化改革的有关要求执行。

5. 推进水资源税改革试点工作

对已开展水资源费改税的试点地区，要落实相关税收政策，实现收费制度向征税制度的平稳转换，发挥税收调控作用，抑制地下水超采和不合理用水需求，调整优化用水结构。纳税人应当如实办理纳税申报，对申报的真实性和完整性承担责任。水行政主管部门要认真核查取用水信息，做好取用水量核定。税务机关依法征管，增强执法刚性，形成有效约束机制。建立信息共享机制，水行政主管部门应及时将水量核定结果送税务机关，税务机关要将征税情况及时反馈给水行政主管部门。各级财政要根据实际需要，保障有关部门和单位依法履行水资源管理职能所需相关经费。

6. 探索开展水权确权工作

各地要充分借鉴水权试点取得的经验做法，结合本地实际积极稳妥探索推进水权确权工作。在区域层面，通过分解区域用水总量控制指标、制定江河水量分配方案等，明确区域取用水权益。在取用水户层面，依据区域用水总量控制指标和江河水量分配方案、水资源配置方案等，对依法应纳入取水许可管理的取用水户，科学核定许可水量，明确水资源具体用途，发放取水许可证明确取水权；对灌区内农业用水户，由地方政府或授权有关部门根据用水总量控制指标和灌溉用水定额，发放水权权属凭证，因地制宜将水权明确到农村集体经济组织、农民用水合作组织、农户等。健全取用水监控计量体系，确保取用水可计量、可监管。

7. 鼓励引导开展水权交易

落实《水权交易管理暂行办法》(水政法〔2016〕156 号)，推进区域间、流域间、流域上下游、行业间、用水户间等多种形式的水权交易，积极培育水市场，充分发挥市场配置水资源的作用。对用水总量达到或超过区域总量控制指标或江河水量分配指标的地区，原则上要通过水权交易解决新增用水需求。在保障粮食安全的前提下，鼓励工业企业通过投资农业节水获得水权，鼓励灌区内用水户间开展水权交易。地方政府或其授权的单位可以通过政府投资节水形式回购水权，也可以回购取水单位和个人投资节约的水权；回购的水权应当优先保证生活用水和生态用水，尚有余量的可以通过市场竞争方式进行出让；出让收入属于政府非税收入，应全额上缴国库，纳入一般公共预算管理。鼓励通过依法规范设立的水权交易平台开展水权交易，区域水权交易或者交易量较大的取水权交易应通过水权交易平台公开、公平、公正进行。加强对水权交易活动的监督管理，强化水资源用途管制，防止以水权交易为名套取用水指标，变相挤占生活、生态和合理农业用水。

8. 完善水资源考核问责和计量监控

全面落实《"十三五"实行最严格水资源管理制度考核实施方案》，进一步完善考核评价体系，强化对水资源有偿使用制度落实情况的考核。逐级建立目标责任制，严格责任追究，对最严格水资源管理制度落实不力的地方，采取约谈、通报等措施予以督促；对因盲目决策和渎职、失职造成水资源浪费、水环境破坏等不良后果的相关责任人，依法依纪追究责任。加快推进国家水资源监控能力建设项目，对年取水量50万立方米以上的工业取水户、100万立方米以上的公共供水取水户和大型灌区及部分中型灌区渠首实现在线监控。完善灌溉用水计量设施，提高农业灌溉用水定额管理和科学计量水平。加快推进省市县各级水资源监控能力建设，实现信息共享、互联互通和业务协同。

9. 强化组织领导

各地要高度重视，充分认识水资源有偿使用制度改革对水资源保护和合理利用、维护水资源所有者权益的重要意义，切实加强组织领导和细化落实。各省（自治区、直辖市）要制定推进水资源有偿使用制度改革的实施方案，明确责任主体和时间进度。各级水行政主管部门、发展改革、财政等部门各司其职，加强沟通协调，在取水户信息、水资源费标准、水资源费征收监管等方面建立协同工作机制，确保在完善和落实水资源有偿使用制度中衔接有序，形成合力。

10. 加强宣传引导

认真做好水资源有偿使用制度改革宣传工作，精心策划、充分利用各种媒介，采取图文并茂、通俗易懂的形式，做好政策解读，回应社会关切，使社会各界真正认识、理解和支持水资源有偿使用制度的各项改革措施，形成改革共识，凝聚改革合力，使水资源有偿使用、节约用水、保护水资源等理念深入人心，为水资源有偿使用制度改革顺利推进营造良好的舆论氛围。

参考文献

[1] 刘勇毅，孙显利，尹正平.现代水利工程治理[M].济南：山东科学技术出版社，2016.

[2] 中华人民共和国水利部.水闸技术管理规程：SL 75—94[S].北京：中国水利水电出版社，1995.

[3] 刘建军.水利水电工程环境保护设计[M].武汉：武汉大学出版社.2008.

[4] 刘慧颖.水利工程项目施工成本控制及其管理优化[J].建材与装饰，2017(43)：266-267.

[5] 黄祚继，高玉琴，汪霞.水利工程管理现代化评价指标体系研究[J].江淮水利科技.2016(2)：124-125.

[6] 甘玉珍.水利工程项目施工成本控制及管理优化探讨[J].现代经济信息，2019(16)：354.

[7] 闫俊平.水利水电工程环境保护措施落实的保障机制[J].中国水利水电科学研究院学报，2014(1)：71-75.

[8] 蒋振民.水利工程施工现场安全事故防治措施[J].黑龙江科技信息，2017(14)：226.

[9] 袁敏，邹冠闻.水利工程岁修项目安全管理问题与对策[J].水利规划与设计，2015(6)：74-75.

[10] 丁民，匡少涛，史宏伟，等.以十九大精神为指导加快推进水利工程运行管理现代化[J].水利发展研究，2019,19(2)：29-34.

[11] 戴璐，支晓强.影响企业环境管理控制措施的因素研究[J].中国软科学，2015(4)：108-120.

[12] 胡斌宝.基于水利水电工程设计中关于环境保护的思考分析[J].水资源开发与管理，2017(2)：41-44.

[13] 王玉娣 . 农田水利工程成本管理与控制研究 [J]. 乡村科技 ,2019(22):118-119.

[14] 陈永刚 . 水利工程项目施工成本控制与管理的优化 [J]. 现代物业 (中旬刊),2018(3):111.

[15] 李何 , 朱雪松 , 李明 . 长输管道穿越河流的环境影响及对策浅析 [J]. 环境科学与管理 ,2012,37(2):186-188.

[16] 吕钊 , 王冬梅 , 徐志友 . 生产建设项目弃渣 (土) 场水土流失特征与防治措施 [J]. 中国水土保持科学 ,2013,11(3):118-126.

[17] 杨超 . 水利工程管理中存在的问题及改善建议 [J]. 科技创新与应用 ,2016(4):226.

[18] 陈红云 . 水利工程调度方式的调整及优化方案讨论 [J]. 北京农业 ,2012(12):251.

[19] 孙仁祥 . 辽宁农田水利建设的研究 [J]. 农民致富之友 ,2018(20):242.

[20] 罗兆军 . 辽宁水利综合管理信息资源整合与共享平台规划研究 [J]. 中国水利 ,2017(9):42-44.

[21] 杨柳 , 石从浩 , 周娅 . 水利工程环境保护管理模式探讨 [J]. 黑龙江水利 ,2017,3(6):81-84.

[22] 胡波 . 关于现代水利工程中的生态问题探讨 [J]. 中外企业家 ,2019(11):107.

[23] 陈俊峰 . 水利工程渠道治理技术的方法研究 [J]. 工程技术研究 ,2019,4(14):101-102.

[24] 敖志永 . 水利工程维修养护存在的问题与处理措施 [J]. 现代物业 (中旬刊),2019(2):73.

[25] 魏广华 . 小型农田水利工程现状及治理管护措施研究 [J]. 四川水利 ,2019,40(3):109-112.

[26] 林清 . 高邮市农田水利治理若干问题的探讨 [D]. 扬州 : 扬州大学 ,2018.

[27] 李森 . 水利工程建设项目环境监理体系优化研究 [D]. 长春 : 吉林大学 ,2016.

[28] DUNN A D, DERRINGTON E. Investment in water and wastewater infrastructure: An environmental justice challenge, a governance solution[J]. Natural Resources & Environment,2010,24(3):3-8.

[29] ANDERSON R E.Trends in local government expenditures on public water and wastewater services and infrastructure:past,present and future[C].Washington DC:The U.S. Conference of Mayors-Mayors Water Council,2010.

[30] SUTHERLAND D, ARAUJO S, EGERT B, et al.Infrastructure investment:links to growth and the role of public policies[J].OECD Economics Department Working Papers,2009(3):7486-7489.